轨道交通装备制造业职业技能鉴定指导丛书

热工计量工

中国北车股份有限公司 编写

U0261345

中国铁道出版社

2015年·北京

图书在版编目(CIP)数据

热工计量工/中国北车股份有限公司编写 . —北京:
中国铁道出版社,2015.3

(轨道交通装备制造业职业技能鉴定指导丛书)

ISBN 978-7-113-19998-2

Ⅰ.①热… Ⅱ.①中… Ⅲ.①热工测量—职业技能—
鉴定—自学参考资料 Ⅳ.①TK3

中国版本图书馆 CIP 数据核字(2015)第 036906 号

书　　　名: 轨道交通装备制造业职业技能鉴定指导丛书
　　　　　　　　　　热工计量工

作　　　者: 中国北车股份有限公司

策　　　划: 江新锡　钱士明　徐　艳

责任编辑: 曹艳芳　　　　　　　　编辑部电话:010-51873193

封面设计: 郑春鹏

责任校对: 龚长江

责任印制: 郭向伟

出版发行: 中国铁道出版社(100054,北京市西城区右安门西街 8 号)

网　　　址: http://www.tdpress.com

印　　　刷: 北京市昌平开拓印刷厂

版　　　次: 2015 年 3 月第 1 版　2015 年 3 月第 1 次印刷

开　　　本: 787 mm×1 092 mm　1/16　印张:11.5　字数:271 千

书　　　号: ISBN 978-7-113-19998-2

定　　　价: 36.00 元

序

在党中央、国务院的正确决策和大力支持下，中国高铁事业迅猛发展。中国已成为全球高铁技术最全、集成能力最强、运营里程最长、运行速度最高的国家。高铁已成为中国外交的新名片，成为中国高端装备"走出国门"的排头兵。

中国北车作为高铁事业的积极参与者和主要推动者，在大力推动产品、技术创新的同时，始终站在人才队伍建设的重要战略高度，把高技能人才作为创新资源的重要组成部分，不断加大培养力度。广大技术工人立足本职岗位，用自己的聪明才智，为中国高铁事业的创新、发展做出了重要贡献，被李克强同志亲切地赞誉为"中国第一代高铁工人"。如今在这支近 5 万人的队伍中，持证率已超过 96％，高技能人才占比已超过 60％，3 人荣获"中华技能大奖"，24 人荣获国务院"政府特殊津贴"，44 人荣获"全国技术能手"称号。

高技能人才队伍的发展，得益于国家的政策环境，得益于企业的发展，也得益于扎实的基础工作。自 2002 年起，中国北车作为国家首批职业技能鉴定试点企业，积极开展工作，编制鉴定教材，在构建企业技能人才评价体系、推动企业高技能人才队伍建设方面取得明显成效。为适应国家职业技能鉴定工作的不断深入，以及中国高端装备制造技术的快速发展，我们又组织修订、开发了覆盖所有职业（工种）的新教材。

在这次教材修订、开发中，编者们基于对多年鉴定工作规律的认识，提出了"核心技能要素"等概念，创造性地开发了《职业技能鉴定技能操作考核框架》。该《框架》作为技能人才评价的新标尺，填补了以往鉴定实操考试中缺乏命题水平评估标准的空白，很好地统一了不同鉴定机构的鉴定标准，大大提高了职业技能鉴定的公信力，具有广泛的适用性。

相信《轨道交通装备制造业职业技能鉴定指导丛书》的出版发行，对于促进我国职业技能鉴定工作的发展，对于推动高技能人才队伍的建设，对于振兴中国高端装备制造业，必将发挥积极的作用。

中国北车股份有限公司总裁：

2015.2.7

前　　言

　　鉴定教材是职业技能鉴定工作的重要基础。2002年，经原劳动保障部批准，中国北车成为国家职业技能鉴定首批试点中央企业，开始全面开展职业技能鉴定工作。2003年，根据《国家职业标准》要求，并结合自身实际，组织开发了《职业技能鉴定指导丛书》，共涉及车工等52个职业（工种）的初、中、高3个等级。多年来，这些教材为不断提升技能人才素质、适应企业转型升级、实施"三步走"发展战略的需要发挥了重要作用。

　　随着企业的快速发展和国家职业技能鉴定工作的不断深入，特别是以高速动车组为代表的世界一流产品制造技术的快步发展，现有的职业技能鉴定教材在内容、标准等诸多方面，已明显不适应企业构建新型技能人才评价体系的要求。为此，公司决定修订、开发《轨道交通装备制造业职业技能鉴定指导丛书》（以下简称《丛书》）。

　　本《丛书》的修订、开发，始终围绕促进实现中国北车"三步走"发展战略、打造世界一流企业的目标，努力遵循"执行国家标准与体现企业实际需要相结合、继承和发展相结合、坚持质量第一、坚持岗位个性服从于职业共性"四项工作原则，以提高中国北车技术工人队伍整体素质为目的，以主要和关键技术职业为重点，依据《国家职业标准》对知识、技能的各项要求，力求通过自主开发、借鉴吸收、创新发展，进一步推动企业职业技能鉴定教材建设，确保职业技能鉴定工作更好地满足企业发展对高技能人才队伍建设工作的迫切需要。

　　本《丛书》修订、开发中，认真总结和梳理了过去12年企业鉴定工作的经验以及对鉴定工作规律的认识，本着"紧密结合企业工作实际，完整贯彻落实《国家职业标准》，切实提高职业技能鉴定工作质量"的基本理念，在技能操作考核方面提出了"核心技能要素"和"完整落实《国家职业标准》"两个概念，并探索、开发出了中国北车《职业技能鉴定技能操作考核框架》；对于暂无《国家职业标准》、又无相关行业职业标准的40个职业，按照国家有关《技术规程》开发了《中国北车职业标准》。经2014年技师、高级技师技能鉴定实作考试中27个职业的试用表明：该《框架》既完整反映了《国家职业标准》对理论和技能两方面的要求，又适应了企业生产和技术工人队伍建设的需要，突破了以往技能鉴定实作考核中试卷的难度与完整性评估的"瓶颈"，统一了不同产品、不同技术含量企业的鉴定标准，提高了鉴定考核的技术含量，保证了职业技能鉴定的公平性，提高了职业技能鉴定工作质量和管理水平，将成为职业技能鉴定工作、进而成为生产操作者技能素质评价的新标尺。

　　本《丛书》共涉及 98 个职业（工种），覆盖了中国北车开展职业技能鉴定的所有职业（工种）。《丛书》中每一职业（工种）又分为初、中、高 3 个技能等级，并按职业技能鉴定理论、技能考试的内容和形式编写。其中：理论知识部分包括知识要求练习题与答案；技能操作部分包括《技能考核框架》和《样题与分析》。本《丛书》按职业（工种）分册，并计划第一批出版 74 个职业（工种）。

　　本《丛书》在修订、开发中，仍侧重于相关理论知识和技能要求的应知应会，若要更全面、系统地掌握《国家职业标准》规定的理论与技能要求，还可参考其他相关教材。

　　本《丛书》在修订、开发中得到了所属企业各级领导、技术专家、技能专家和培训、鉴定工作人员的大力支持；人力资源和社会保障部职业能力建设司和职业技能鉴定中心、中国铁道出版社等有关部门也给予了热情关怀和帮助，我们在此一并表示衷心感谢。

　　本《丛书》之《热工计量工》由中国北车集团大连机车车辆有限公司《热工计量工》项目组编写。主编李波；主审田宝珍；参编人员徐钰鑫。

　　由于时间及水平所限，本《丛书》难免有错、漏之处，敬请读者批评指正。

中国北车职业技能鉴定教材修订、开发编审委员会

二〇一四年十二月二十二日

目　　录

热工计量工(职业道德)习题

一、填空题

1. 职业道德是人们在从事一定(　　)的过程中形成的一种内在的、非强制性的约束机制。

2. 职业道德有利于企业树立(　　)、创造企业品牌。

3. 严格的职业生活训练所形成的良好修养和优秀(　　)观念是引导人走向幸福的必经之路。

4. 人内在的根本的(　　)在人的整个道德素质中,居于核心和主导地位。

5. 开放的劳动力市场,有利于人们较充分地实现(　　)。

6. 文明生产是指以高尚的(　　)为准则,按现代化生产的客观要求进行生产活动的行为。

7. 许多知名企业都把提高员工的综合素质、挖掘员工的潜能作为企业发展的(　　)。

8. 团结互助有利于营造人际和谐氛围,有利于增强(　　)。

9. 学习型组织强调的是在个人学习的基础上,加强团队学习和组织学习,其目的就是将个人学习成果转化为(　　)。

10. 确立正确的(　　)是职业道德修养的前提。

二、单项选择题

1. 关于职业道德,正确的说法是(　　)。
(A)职业道德有助于增强企业凝聚力,但无助于促进企业技术进步
(B)职业道德有助于提高劳动生产率,但无助于降低生产成本
(C)职业道德有利于提高员工职业技能,增强企业竞争力
(D)职业道德只是有助于提高产品质量,但无助于提高企业信誉和形象

2. 职业道德建设的核心是(　　)。
(A)服务群众　　　　(B)爱岗敬业　　　　(C)办事公道　　　　(D)奉献社会

3. 尊重、尊崇自己的职业和岗位,以恭敬和负责的态度对待自己的工作,做到工作专心,严肃认真,精益求精,尽职尽责,有强烈的职业责任感和职业义务感。以上描述的职业道德规范是(　　)。
(A)敬业　　　　(B)诚信　　　　(C)奉献　　　　(D)公道

4. 在职业活动中,(　　)是团结互助的基础和出发点。
(A)平等尊重、相互学习　　　　　　　　(B)顾全大局、相互信任
(C)顾全大局、相互学习　　　　　　　　(D)平等尊重、相互信任

5. 下列关于"合作的重要性"表述错误的是(　　)。

(A)合作是企业生产经营顺利实施的内在要求

(B)合作是一种重要的法律规范

(C)合作是从业人员汲取智慧和力量的重要手段

(D)合作是打造优秀团队的有效途径

6. 诚实守信的具体要求是（　　　　）。

(A)忠诚所属企业、维护企业信誉、保守企业秘密

(B)维护企业信誉、保守企业秘密、力求节省成本

(C)忠诚所属企业、维护企业信誉、关心企业发展

(D)关心企业发展、力求节省成本、保守企业秘密

7. 职业道德的最基本要求是（　　　），为社会主义建设服务。

(A)勤政爱民　　　(B)奉献社会　　　(C)忠于职守　　　(D)一心为公

8. 工作中人际关系都是以执行各项工作任务为载体，因此，应坚持以（　　　）来处理人际关系。

(A)工作方法为核心　　　　　　　　(B)领导的嗜好为核心

(C)工作计划的执行为核心　　　　　(D)工作目标的需要为核心

9. 为了促进企业的规范化发展，需要发挥企业文化的（　　　）功能。

(A)娱乐　　　(B)主导　　　(C)决策　　　(D)自律

10. 在企业的经营活动中，下列选项中的（　　　）不是职业道德功能的表现。

(A)激励作用　　　(B)决策能力　　　(C)规范行为　　　(D)遵纪守法

11. 下列关于"职业道德对企业发展的作用"的表述中错误的是（　　　）。

(A)增强企业竞争力　　　　　　　　(B)促进企业技术进步

(C)员工事业成功的保证　　　　　　(D)增强企业凝聚力

12. 职业道德是一种（　　　）的约束机制。

(A)强制性　　　(B)非强制性　　　(C)随意性　　　(D)自发性

13. 平等是构建（　　　）人际关系的基础，只有在平等的关系下，同事之间才能得到最大程度的交流。

(A)相互依靠　　　(B)相互尊重　　　(C)相互信任　　　(D)相互团结

14. 职业责任明确规定了人们对企业和社会所承担的（　　　）。

(A)责任和义务　　　(B)职责和权利　　　(C)权利和义务　　　(D)责任和权利

15. 学习型组织强调学习工作化，把学习过程与工作联系起来，不断（　　　）。

(A)提升工作能力和创新能力　　　　(B)积累工作经验和工作能力

(C)提升组织能力和管理能力　　　　(D)积累知识和提高能力

三、多项选择题

1. 道德就是一定社会、一定阶级向人们提出的处理（　　　）之间各种关系的一种特殊的行为规范。

(A)人与人　　　(B)个人与社会　　　(C)个人与企业　　　(D)个人与自然

2. 职业道德具有三方面的特征，以下说法错误的是（　　　）。

(A)形式上的多样性　　　　　　　　(B) 内容上的稳定性和连续性

(C)范围上的普遍性　　　　　　　(D)功能上的强制性

3. 职业道德是增强企业凝聚力的手段,主要表现在(　　)。

(A)协调企业部门间的关系　　　　(B)协调员工与领导间的关系

(C)协调员工同事间的关系　　　　(D)协调员工与企业间的关系

4. 下列关于职业道德与职业技能关系的说法,正确的是(　　)。

(A)职业道德对职业技能具有统领作用

(B)职业道德对职业技能有重要的辅助作用

(C)职业道德对职业技能的发挥具有支撑作用

(D)职业道德对职业技能的提高具有促进作用

5. 职业品格包括(　　)等等。

(A)职业理想　　　(B)责任感、进取心　　(C)创新精神　　　　(D)意志力

6. 修养是指人们为了在(　　)等方面达到一定的水平,所进行自我教育、自我改善、自我锻炼和自我提高的活动过程。

(A)理论　　　　　(B)知识　　　　　(C)艺术　　　　　(D)思想道德

7. 在社会主义市场经济条件下,爱岗敬业的具体要求(　　)。

(A)创建文明岗位　　(B)树立职业理想　　(C)强化职业责任　　(D)提高职业技能

8. 加强职业纪律修养,(　　)。

(A)必须提高对遵守职业纪律重要性的认识,从而提高自我锻炼的自觉性

(B)要提高职业道德品质

(C)培养道德意志,增强自我克制能力

(D)要求对服务对象要谦虚和蔼

9. 计量检定人员不得有下列哪些行为(　　)。

(A)参加本专业继续教育

(B)违反计量检定规程开展计量检定

(C)使用未经考核合格的计量标准开展计量检定

(D)变造、倒卖、出租、出借《计量检定员证》

10.计量检定人员有下列哪些行为(　　),给予行政处分或依法追究刑事责任。

(A)参加本专业继续教育

(B)出具错误数据,给送检一方造成损失的

(C)违反计量检定规程进行计量检定的

(D)使用未经考核合格的计量标准开展检定的

四、判 断 题

1. 员工职业道德水平的高低,不会影响企业作风和企业形象。(　　)

2. 职业劳动是一种生产经营活动,与能力、纪律和品格的提升训练无关。(　　)

3. 爱岗敬业就是提倡从业人员要"干一行,爱一行,专一行"。(　　)

4. 从业人员只要有为人民服务的认识和热情,便可以在自己的工作岗位上发挥作用,创造财富。(　　)

5. 做人是否诚实守信,是一个人品德修养状况和人格高下的表现。(　　)

6. 无条件的完成领导交办的各项工作任务,如果认为不妥应提出不同想法,若被否定应坚持自己的意见。(　　　)

7. 一个人高尚品德的养成是可以在学校学习过程中完全实现的。(　　　)

8. 文明礼貌是从业人员的基本素质,是塑造企业形象的需要。(　　　)

9. 在从业人员的职业生涯中,遵纪守法经常地、大量地体现在自觉遵守职业纪律上。
(　　　)

10. 开拓创新只需要有创造意识、坚定的信心和意志。(　　　)

热工计量工(职业道德)答案

一、填空题

1. 职业劳动　　　　2. 良好形象　　　　3. 品德　　　　　4. 道德价值
5. 职业选择　　　　6. 道德规范　　　　7. 核心竞争力　　8. 企业凝聚力
9. 组织财富　　　　10. 人生观

二、单项选择题

1. C　　　2. A　　　3. A　　　4. D　　　5. B　　　6. A　　　7. C　　　8. D　　　9. D
10. B　　11. C　　12. B　　13. B　　14. A　　15. A

三、多项选择题

1. ABD　　2. CD　　3. BCD　　4. ACD　　5. ABCD　　6. ABCD　　7. BCD
8. ABC　　9. BCD　　10. BCD

四、判断题

1. ×　　2. ×　　3. √　　4. ×　　5. √　　6. ×　　7. ×　　8. √　　9. √
10. ×

热工计量工(初级工)习题

一、填 空 题

1. 热力学温度的符号是(　　)。

2. 热力学温度的单位名称是(　　)。

3. 摄氏温度的符号是(　　)。

4. 摄氏温度的单位名称是(　　)。

5. 我国现在实行的国际温标是 ITS-(　　)。

6. 温度是一个表征物体(　　)程度的物理量。

7. 计量的本质特征就是(　　)。

8. 测量(计量)单位符号是表示测量单位的(　　)。

9. 量是现象、物体或物质可(　　)和定量确定的属性。

10. 国际单位制是在(　　)制基础上发展起来的单位制。

11. 测量的定义是以确定量值为目的的(　　)。

12. 《计量法》是调整计量(　　)的法律规范的总称。

13. 我国《计量法》规定,属于强制检定范围的计量器具,未按照规定(　　)或者检定不合格继续使用的,责令停止使用,可以并处罚款。

14. 测量仪器的准确度是指测量仪器给出接近于(　　)的响应能力。

15. 测量准确度是指测量结果与被测量(　　)之间的一致程度。

16. 稳定性是测量仪器保持其计量特性随时间恒定的(　　)。

17. 重复性是指在相同测量条件下,对同一被测量进行连续多次测量所得结果之间的(　　)。

18. 校准不具法制性,是企业(　　)的行为。

19. 我国《计量法》规定,未取得"制造计量器具许可证"、"修理计量器具许可证"制造或修理计量器具的,责令(　　),没收违法所得,可以并处罚款。

20. 国务院计量行政部门对全国计量工作实施(　　)。

21. 计量检定机构可以分为(　　)和一般计量检定机构两种。

22. 我国《计量法实施细则》规定,企业、事业单位建立本单位各项最高计量标准,须向(　　)的人民政府计量行政部门申请考核。

23. 为实施计量保证所需的组织结构、程序、过程和(　　)称为计量保证体系。

24. 误差的两种基本表现形式是(　　)和相对误差。

25. 计量检定印包括:錾印、喷印、钳印、漆封印、(　　)印。

26. 中华人民共和国法定计量单位是以国际单位制单位为基础,同时选用了一些(　　)的单位构成的。

27. 国际单位制的基本单位单位符号是:（　　），kg、s、A、K、mol、cd。

28. 玻璃液体温度计的测温原理是基于物质体积的（　　）特性。

29. 工作用玻璃液体温度计的计量标准是（　　）等水银温度计。

30. 工作用玻璃液体温度计修正值＝（　　）温度－被检温度计示值。

31. 局浸玻璃液体温度计进行示值检定时,标准环境温度规定为（　　）℃。

32. 工业用廉金属热电偶的计量标准是（　　）等铂铑$_{10}$－铂热电偶。

33. 工业用廉金属热电偶检定时需低电势电位差计一台,其准确度级不低于（　　）级。

34. 检定配偶动圈式温度仪表的计量标准器是低电势电位差计,其准确度等于不低于（　　）级。

35. 检定配阻动圈式温度仪表的计量标准器是直流电阻箱,准确度一般为（　　）级。

36. 热电偶检定时,参考端温度应为（　　）℃。

37. 被检热电偶然 400 ℃时误差 2.3 ℃,其 400 ℃的修正值为（　　）℃。

38. 常用工业用廉金属热电偶有镍铬－镍硅热电偶,其分度号为（　　）。

39. 按热电偶的结构、用途分类,热电偶主要有普通热电偶、（　　）热电偶(它适宜狭小管道测温)、表面热电偶。

40. 按结构、用途分类,热电偶主要分为普通热电偶、（　　）热电偶(它适宜固体表面测温)、铠装热电偶等。

41. 压力式温度计检定时,恒温槽实际温度＝标准温度示值＋该温度计的（　　）。

42. 被检压力式温度计基本误差＝被检温度计示值－恒温槽（　　）温度。

43. 被检压力式温度计测量范围 0～100 ℃,1.5 级,其允许基本误差为±（　　）℃。

44. 压力式温度计检定时,环境温度应为（　　）±5 ℃。

45. 压力式温度计检定时,温度计表头应（　　）安装。

46. 压力式温度计检定时,（　　）必须全部浸没。

47. 半导体点温计检定规程 TTG363-84 适用测温范围从－80 ℃至（　　）℃指针式半导体点温计检定。

48. 具有参考端温度自动补偿的自动电子电位差计应采用（　　）法进行检定。

49. 度量温度的（　　）,称为温标。

50. 摄氏温标规定,标准大气压下,冰的（　　）为 0 ℃。

51. 摄氏温标规定,在标准大气压下、水的（　　）为 100 ℃。

52. 一切互为热平衡的物体都具有相同的（　　）。

53. 工作用热电偶检定时,炉温偏移检定点不应超过（　　）℃。

54. 动圈式温度仪表检定时,环境温度为（　　）℃。

55. 1.0 级动圈式温度仪表基本误差不应超过仪表电量程的（　　）。

56. 动圈式温度仪表回程误差不应超过仪表基本误差绝对值的（　　）。

57. 动圈式温度仪表检定点应在主刻度线上,包括上、下限至少（　　）个点。

58. 动圈式温度仪表设定点偏差检定应在相当于标尺弧长的 10%,（　　）附近的刻度线上进行。

59. 电接点玻璃水银温度计检定时,标准环境温度为（　　）℃。

60. 电接点玻璃水银温度计的连接电阻不应超过（　　）Ω。

61. 电接点玻璃水银温度的修正值＝（　　）温度－被检温度计示值。

62. 电接点玻璃水银温度计检定时，恒温槽的实际温＝标准水银温度计示值＋该点（　　）。

63. 0.5 级自动平衡记录仪检定时，环境温度应为（　　）℃。

64. 0.5 级自动平衡记录仪检定时，检定点包括上、下限在内至少（　　）个点。

65. 0.5 级自动平衡记录仪检定时，指示基本误差的检定需进行（　　）个测量循环。

66. 0.5 级自动平衡记录仪设定点误差检定应在相当于刻度尺长度 10%，（　　），90% 附近的刻度线上进行。

67. 半导体点温计是根据热敏电阻阻值随（　　）而变化的特性来测定温度的。

68. 半导体点温计的计量标准是（　　）等标准水银温度计。

69. 半导体点温计在每个检定点读数前必须校（　　）。

70. 半导体点温计倾斜误差的检定应在测量范围的 20%，（　　）附近刻度线上进行。

71. 半导体点温计的修正值＝（　　）温度－被检点温计示值。

72. 半导体点温计检定时，测得实际温度为 50.5 ℃，被检点温计示值为 50.8 ℃，则被检点温计修正值为（　　）℃。

73. 热电偶补偿导线能起到（　　）热电极的作用。

74. 工作用热电偶测量端应牢固、圆滑，无（　　）。

75. 热电偶的测温原理是以热电偶的热电势与（　　）的关系为基础的。

76. 普通热电偶主要由热电级丝，（　　），保护管组成。

77. 工作用玻璃液体温度计检定时，标准环境温度规定为（　　）℃。

78. 工作用玻璃液体温度计检定时，恒温槽温度应控制在偏离检定点±（　　）℃以内。

79. 对于工作用玻璃液体温度计检定，精密温度计读数（　　）次。

80. 工作用玻璃液体温度修正值＝（　　）温度－被检温度计示值。

81. 工作用玻璃液体温度检定时，读数要估读到分度值的（　　）分之一。

82. 检定室温－95 ℃的温度计应使用标准（　　）槽。

83. 检定 95 ℃～300 ℃的温度计应使用标准（　　）槽。

84. 张丝支承式动圈仪表测量机构主要由动圈和指针，支承系统，及（　　）系统所组成。

85. 动圈式温度仪表面板上所标注的分度号为 K，与之配接的热电偶的分度号应为（　　）。

86. 自动平衡记录仪主要由测量桥路、（　　）、可逆电机，指示记录机构和调节机构组成。

87. 自动平衡记录仪主要由测量桥路、放大器、（　　）电机、指示记录机构和调节机构组成。

88. XW 系列自动平衡记录仪采用电压（　　）法来测量传感器产生的电动势。

89. 自动平衡记录仪的面板上所标注的分度号为 E，与之配接的热电偶的分度号应为（　　）。

90. 动圈式温度仪表检定时，400 ℃刻度线的标称电量值是 24.902 mV，上行程中 400 ℃刻度线实际电量值为 24.802 mV，则仪表 400 ℃时上行程基本误差为（　　）。

91. 具有参考端温度自动补偿的自动平衡记录仪（0.5 级）应采用（　　）导线法进行检定。

92. 检定数据的修约规则为( )舍五入及偶数法则。

93. 两个 5 Ω 的电阻并联后,总电阻值为( )Ω。

94. 阻值为 100 Ω 的电阻中流过的电流为 0.5 A,那么电阻上的电压降为( )V。

95. 习惯上规定正电荷的定向运动方向作为( )流动的方向。

96. 晶体二极管具有( )导电的特性。即正向电阻小,反向电阻大。

97. 把交流电转换成直流电的过程叫( )。

98. 在一恒定电压电路中,电阻值增大时,电流就随之( )。

99. 兆欧表也称摇表,是专用于( )测量的仪表。

100. 对于 XW 系列自动平衡记录仪的检定,选用的整套检定设备的误差应小于被检仪表允许误差的( )分之一。

101. 动圈式温度表的测量机构是一个( )式表头。

102. 检定工业用热电偶采用比较法中的( )法。

103. 压力式温度计可分为充气体式、( )、充蒸发液体式三种。

104. 工业用全浸玻璃液体温度计检定时,液柱露出高度应不大于( )mm。

105. 整流电路的作用是将交流电变直流电,这个作用的实现主要靠( )管的单向导电特性。

106. 多级放大器的级间耦合方式主要有 RC 耦合、直接耦合和( )耦合三种。

107. 逻辑电路中,如果高电平用"1"表示,低电平用"0"表示,那么,这样的电路叫( )逻辑电路。

108. 配阻动圈式温度仪表的安装接线方法主要有两种:二线接法和( )接法。

109. 动圈式温度仪表中,逆时针调整磁路系统的磁分路片,仪表示值随之( )。

110. 在磁铁外部,磁力线的方向总是从 N 极出发,回到( )极。

111. XW 系列自动平衡记录仪在使用时所受干扰有两大类,即横向干扰和( )干扰。

112. JF-12 型晶体管放大器主要由输入级、( )放大级、功率放大级、电源部分等组成。

113. 廉金属热电偶测量端焊点的形式有( )、对焊、绞状点焊。

114. 标准化热电偶是指工艺比较成熟,能批量生产性能优良并列入工业( )文件中的热电偶。

115. 判断分度号为 K 的热电偶正、负极时,亲磁端为( )极。

116. 热电偶分度表是在参考端为( )℃的条件下制定的。

117. 工作用廉金属热电偶的检定要遵循 TTG351-( )检定规程。

118. 半导体点温计检定时,每个检定点应测量( )次。

119. 半导体点温计检定时,检定点应为( )个。

120. 半导体点温计检定时,恒温槽温度偏离检定点不应超过( )℃。

121. 半导体点温计检定时,读数应估读到分度值的( )分之一。

122. 压力式温度计检定时,检定点应不少于( )点。

123. 压力式温度计检定时,读取测量值应估读到仪表分度值的( )分之一。

124. 压力式温度计检定时,接点动作误差应在主分度线上进行,检定点不得于( )点。

125. 玻璃液体温度计的检定点少于( )个时,应对刻度的始、末和中间任意点进行检定。

126. 检定证书必须有检定、核验、主管人员签字,并加盖检定单位(   )。

127. 根据(   )规定的周期,对计量器具所进行的随后检定叫周期检定。

128. 在规定条件下,为确定计量器具的(   )或其指示装置所表示量值的一组操作叫定度。

129. 测量不确定度按数值的评定方法可以归并成两类:A 类不确定度和(   )类不确定度。

130. 测量数据 0.082 0 V 有(   )位有效数字。

131. 由于计量器具从它的正常工作位置倾斜而产生的(   )变化,叫倾斜误差。

132. 根据检定规程,工作用廉金属热电偶的检定周期一般为(   )年。

133. 动圈式温度仪表的检定周期根据使用情况而定。一般不超过(   )年。

134. 使用中的自动平衡记录仪,检定周期根据具体情况确定,但最长不得超过(   )。

135. 半导体点温计的检定周期,按规程最长不得超过(   )。

136. 半导体点温计的修正值应化整至分度值的(   )分之一。

137. 自动平衡记录仪的检定误差的化整位数约为被检仪表允许差的(   )分之一。

138. 热电偶的老化变质现象叫热电偶的(   )。

139. 热电偶检定时,每个检定点应读数(   )次。

140. 玻璃液体温度计的检定周期应视情况而定。最长不得超过(   )。

141. 使用中的自动平衡记录仪检定时,绝缘强度,(   ),运行试验等三个检定项目可以不检定。

142. 新制造的电接点玻璃水银温度计检定时,对寿命试验项目应进行不定期(   )。

143. 对于使用中的动圈式温度仪表,阻尼时间,(   )按规程可以不检。

144. 电荷有两种,正电荷和负电荷,同性电荷。相互排斥,异性电荷相(   )。

145. 物质失去电子带有(   )电荷,获得电子带有负电荷。

146. 晶体二极管按结构可分为点接触型和(   )型两种。

147. 三极管的发射极与基极之间的 PN 结称为发射结,集电极与基极之间的 PN 结称为(   )。

148. 正弦量的三要素是指最大值、(   )、初相角。

149. 带电体的周围存在着(   )场,它通过对电荷的作用力表现出来。

150. 电压的方向,规定由(   )指向低电位。

151. 单晶体管放大电路中,晶体管电流放大系数 $\beta=50$,基极电流 $I=4$ mA,则集电极电流应为(   )mA。

152. 玻璃液体温度计按基本结构型式不同,可分为(   )、内标式和外标式三种。

153. 玻璃液体温度计按温度计填充液体的不同,一般可分为水银温度计和(   )温度计。

154. 玻璃液体温度计按使用时浸没的方式不同可分为(   )和局浸式两类。

二、单项选择题

1. 热力学温度的符号是(   )。
(A)K   (B)T   (C)S   (D)C

2. 热力学温度的单位名称是(   )。

（A）摄氏度　　　　　　（B）度　　　　　　　（C）华氏度　　　　　（D）开尔文

3. 摄氏温度的符号是（　　）。

（A）t　　　　　　　　（B）T　　　　　　　　（C）k　　　　　　　　（D）C

4. 摄氏温度的单位名称是（　　）。

（A）度　　　　　　　　（B）开尔文　　　　　　（C）摄氏度　　　　　（D）开

5. 我国现行的国际温标是 ITS-（　　）。

（A）90　　　　　　　　（B）80　　　　　　　　（C）68　　　　　　　（D）78

6. 温度是表征物体（　　）程度的物理量。

（A）多少　　　　　　　（B）冷热　　　　　　　（C）大小　　　　　　（D）快慢

7. 按我国法定计量单位的使用规则,15 ℃应读成（　　）。

（A）15 度　　　　　　　（B）15 度摄氏　　　　（C）摄氏 15 度　　　（D）15 摄氏度

8. 法定计量单位中,国家选定的非国际单位制的质量单位名称是（　　）。

（A）公斤　　　　　　　（B）公吨　　　　　　　（C）米制吨　　　　　（D）吨

9. 国际单位制中,下列计量单位名称不属于有专门名称的导出单位是（　　）。

（A）牛顿　　　　　　　（B）瓦特　　　　　　　（C）电子伏　　　　　（D）欧姆

10. 1985 年 9 月 6 日,第六届全国人大常委会第十二次会议讨论通过了《中华人民共和国计量法》,国家主席李先念发布命令正式公布,规定从（　　）起施行。

（A）1985 月 9 月 6 日　　　　　　　　　　（B）1986 年 7 月 1 日

（C）1987 年 7 月 1 日　　　　　　　　　　（D）1997 年 5 月 27 日

11. 1984 年 2 月,国务院颁布《关于在我国统一实行（　　）》的命令。

（A）计量制度　　　（B）计量管理条例　　（C）法定计量单位　　（D）计量法

12. 属于强制检定工作计量器具的范围包括（　　）。

（A）用于重要场所方面的计量器具

（B）用于贸易结算、安全防护、医疗卫生、环境监测四方面的计量器具

（C）列入国家公布的强制检定目录的计量器具

（D）用于贸易结算、安全防护、医疗卫生、环境监测方面列入国家强制检定目录的工作计量器具

13. 计量器具在检定周期内抽检不合格的,（　　）。

（A）由检定单位出具检定结果通知书

（B）由检定单位出具测试结果通知书

（C）由检定单位出具计量器具封存单

（D）应注销原检定证书或检定合格印、证

14. 标准计量器具的准确度一般应为被检计量器具准确度的（　　）。

（A）1/2～1/5　　（B）1/5～1/10　　（C）1/3～1/10　　（D）1/3～1/5

15. 校准的依据是（　　）或校准方法。

（A）检定规程　　　（B）技术标准　　　　（C）工艺要求　　　　（D）校准规范

16. 计量工作的基本任务是保证量值的准确、一致和测量器具的正确使用,确保国家计量法规和（　　）的贯彻实施。

（A）计量单位统一　　　　　　　　　　　（B）法定计量单位

(C)计量检定规程 　　　　　　　　(D)计量保证

17. 我国《计量法实施细则》规定,(　　)计量行政部门依法设置的计量检定机构,为国家法定计量检定机构。

(A)国务院 　　　　　　　　　　　(B)省级以上人民政府
(C)有关人民政府 　　　　　　　　(D)县级以上人民政府

18. 计量检定应遵循的原则是(　　)。

(A)统一准确 　　　　　　　　　　(B)经济合理,就在就近
(C)严格执行计量检定规程 　　　　(D)严格执行检定系统表

19. 对社会上实施计量监督具有公证作用的计量标准是(　　)。

(A)法定计量检定机构的计量标准
(B)部门建立的最高计量标准
(C)社会公用计量标准
(D)企、事业单位建立的最高计量标准

20. 企业、事业单位建立本单位各项最高计量标准,须向(　　)申请考核。

(A)省级人民政府计量行政部门
(B)县级人民政府计量行政部门
(C)有关人民政府计量行政部门
(D)与其主管部门同级的人民政府计量行政部门

21. 不合格通知书是声明计量器具不符合有关(　　)的文件。

(A)检定规程 　　　　　　　　　　(B)法定要求
(C)计量法规 　　　　　　　　　　(D)技术标准

22. 计量保证体系的定义是:为实施计量保证所需的组织结构、(　　)、过程和资源。

(A)文件 　　　　(B)程序 　　　　(C)方法 　　　　(D)条件

23. 国家法定计量检定机构的计量检定人员,必须经(　　)考核合格,并取得检定证件。

(A)政府主管部门
(B)国务院计量行政部门
(C)省级以上人民政府计量行政部门
(D)县级以上人民政府计量行政部门

24. 实际用以检定计量标准的计量器具是(　　)。

(A)最高计量标准 　　　　　　　　(B)计量基准
(C)副基准 　　　　　　　　　　　(D)工作基准

25. 按照 ISO 10012-1 标准的要求(　　)。

(A)企业必须实行测量设备的统一编写管理办法
(B)必须分析计算所有测量的不确定度
(C)必须对所有的测量设备进行标识管理
(D)必须对所有的测量设备进行封缄管理

26. 计量检测体系要求对所有的测量设备都要进行(　　)。

(A)检定 　　　　(B)校准 　　　　(C)比对 　　　　(D)确认

27. 工作用玻璃液体温度计的计量标准是(　　)等水银温度计。

(A)二　　　　　　(B)三　　　　　　(C)一　　　　　　(D)四

28. 局浸工作用玻璃液体温度计按规定进行示值检定时,标准环境温度为(　　)℃。

(A)20　　　　　　(B)23　　　　　　(C)18　　　　　　(D)25

29. 工业用廉金属热电偶(Ⅱ级)的计量标准是(　　)等铂铑—铂热电偶。

(A)一　　　　　　(B)二　　　　　　(C)三　　　　　　(D)四

30. 工业用廉金属热电偶检定时需要直流电位差计,其准确定不低于(　　)级。

(A)0.05　　　　　(B)0.02　　　　　(C)0.01　　　　　(D)0.5

31. 动圈式温度仪表检定时,需要低电势电位差计,其准确定一般不低于(　　)级。

(A)0.05　　　　　(B)0.02　　　　　(C)0.01　　　　　(D)0.5

32. 动圈式温度仪表的计量标准是直流电阻箱,其准确度一般为(　　)级。

(A)0.05　　　　　(B)0.01　　　　　(C)0.02　　　　　(D)0.5

33. 热电偶检定时,参考端温度应为(　　)℃。

(A)20　　　　　　(B)25　　　　　　(C)0　　　　　　(D)10

34. 镍铬—镍硅热电偶的分度号为(　　)。

(A)E　　　　　　(B)K　　　　　　(C)J　　　　　　(D)N

35. (　　)热电偶适宜于狭小管道测温。

(A)普通　　　　　(B)铠装　　　　　(C)表面　　　　　(D)差动

36. (　　)热电偶适宜于物体表面温度的测量。

(A)普通　　　　　(B)铠装　　　　　(C)表面　　　　　(D)差动

37. 压力式温度计检定时,环境温度应为(　　)±5℃。

(A)10　　　　　　(B)20　　　　　　(C)25　　　　　　(D)15

38. 压力式温度计测量范围 0～100℃,1.5级,其允许基本误差为(　　)℃。

(A)1.5　　　　　(B)3.0　　　　　(C)1　　　　　　(D)2.5

39. 半导体点温计检定规程适用测温范围−80℃～(　　)℃指针式半导体点温计的检定。

(A)100　　　　　(B)200　　　　　(C)300　　　　　(D)400

40. 一切处于热平衡的物体都具有相同的(　　)。

(A)热量　　　　　(B)湿度　　　　　(C)导热系数　　　(D)温度

41. 热电偶测温的基本原理是(　　)。

(A)克希霍夫定律　　　　　　　　(B)塞贝克效应

(C)光电效应　　　　　　　　　　(D)均质导体定律

42. 廉金属热电偶检定时,炉温偏移检定点不应超过(　　)℃。

(A)±3　　　　　(B)±5　　　　　(C)±10　　　　　(D)±2

43. 动圈式温度仪表检定时,环境温度应为(　　)±5℃。

(A)20　　　　　　(B)25　　　　　　(C)23　　　　　　(D)18

44. 1.0级动圈式温度仪表的基本误差不应超过仪表电量程的(　　)。

(A)2.0　　　　　(B)0.5　　　　　(C)1.5　　　　　(D)1.0

45. 动圈式温度仪表的回程误差不应超过仪表基本误差绝对值的(　　)。

(A)50%　　　　　(B)25%　　　　　(C)100%　　　　　(D)200%

46. 动圈式温度仪表的检定点应在主刻度线上,包括上下限至少( )个。

(A)6　　　　　(B)5　　　　　(C)4　　　　　(D)3

47. 动圈式温度仪表设定点偏差的检定应在相当于标尺弧长的10%、50%、( )附近刻度线上进行。

(A)80%　　　　(B)90%　　　　(C)85%　　　　(D)95%

48. 电接点玻璃水银温度计检定时,标准环境温度为( )℃。

(A)20　　　　　(B)23　　　　　(C)25　　　　　(D)26

49. 自动平衡记录仪检定时,环境温度应为( )±5℃。

(A)15℃　　　　(B)20℃　　　　(C)23℃　　　　(D)25℃

50. 自动平衡记录仪检定时,检定点包括上、下限至少应有( )个点。

(A)5　　　　　(B)3　　　　　(C)4　　　　　(D)6

51. 自动平衡记录仪设定点误差的检定应在相当于刻度尺长度10%、( )、90%附近的刻度线上进行。

(A)40%　　　　(B)50%　　　　(C)60%　　　　(D)55%

52. 半导体点温计是根据热敏电阻阻值随( )而变化的特性来测定温度的。

(A)湿度　　　　(B)热量　　　　(C)电流　　　　(D)温度

53. 半导体点温计的计量标准是( )等水银温度计。

(A)二　　　　　(B)三　　　　　(C)一　　　　　(D)四

54. 半导体点温计在每个检定点读数前必须( )。

(A)校零　　　　(B)校满度　　　(C)预热　　　　(D)检查旋钮

55. 半导体点温计倾斜误差的检定应在测量范围的20%、( )附近刻度线上进行。

(A)70%　　　　(B)80%　　　　(C)85%　　　　(D)90%

56. 半导体温度计检定时,测得实际温度50.5℃,被检温度计示值50.8℃,则被检温度计修正值为( )℃。

(A)0.4　　　　(B)0.5　　　　(C)0.3　　　　(D)-0.3

57. 热电偶的补偿导线能起到( )热电极的作用。

(A)缩短　　　　(B)改善　　　　(C)延长　　　　(D)增强

58. 工作用玻璃液体温度计检定时,标准环境温度规定为( )℃。

(A)20　　　　　(B)23　　　　　(C)25　　　　　(D)18

59. 工作用玻璃液体温度计检定时,恒温槽温度应控制在偏离检定点( )℃以内。

(A)0.1　　　　(B)0.2　　　　(C)0.3　　　　(D)0.5

60. 自动平衡记录仪中,变流器的作用是( )。

(A)将直流信号放大　　　　　　　　(B)增加放大器阻抗

(C)将直流信号变换成交流信号　　　(D)减少放大器阻抗

61. 常用的测温仪表可分为接触式与( )两大类。

(A)动圈式　　　(B)平衡式　　　(C)数字式　　　(D)非接触式

62. 当热电偶测量端温度确定时,热电偶冷端温度增加,热电偶的热电势( )。

(A)增加　　　　(B)不变　　　　(C)减少　　　　(D)迅速增加

63. 如果热电偶冷端温度恒定,那么热电偶的热电势( )。

　　(A)只与测量端温度有关　　　　　　(B)与测量端温度成反比
　　(C)保持不变　　　　　　　　　　　(D)将增加

64. 试确定下列各种热电偶,哪一种是非标准化热电偶。(　　)
　　(A)镍铬—镍硅　　(B)钨—钨铼　　(C)铜—铜镍　　(D)铁—铜镍

65. 某被测热电偶400 ℃的误差为 2.3 ℃,则该点修正值是(　　)℃。
　　(A)2.3　　　　　(B)—2.3　　　　(C)4.6　　　　　(D)—4.6

66. 检定压力式温度计时,温度计温包必须(　　)浸没。
　　(A)一半　　　　(B)全部　　　　(C)在部分　　　(D)三分之一

67. 充液体式压力式温度计是基于测温液体的(　　)随温度而变化的特性制成的。
　　(A)重量　　　　(B)体积　　　　(C)压强　　　　(D)密度

68. 按充入密封系统的介质性质不同,压力式温度计可分为充气体式,(　　),充蒸发液体式三种。
　　(A)充液体式　　(B)充酒精式　　(C)充水式　　　(D)充苯式

69. 热力学温度的 1 开尔文定义为水三相点热力学温度的(　　)分之一。
　　(A)273.15　　　(B)273.16　　　(C)100　　　　　(D)213.16

70. 摄氏温度 t 与热力学温度 T 之间的关系是(　　)。
　　(A)$t=T+273.15$　　(B)$t=T-273.16$　　(C)$t=T$　　　　(D)$t=T-273.15$

71. 动圈式温度仪表中的张丝不但有支承作用,还可产生(　　)和向动圈引入电流的作用。
　　(A)作用力矩　　(B)反作用力矩　　(C)电压　　　　(D)阻力

72. 对于配热电偶用动圈温度表(有断偶保护功能),当热电偶开路时,仪表指针指向(　　)。
　　(A)上限　　　　(B)下限　　　　(C)中间　　　　(D)室温

73. XW 系列自动平衡记录仪基本误差检定时,需进行(　　)个测量循环。
　　(A)一　　　　　(B)三　　　　　(C)四　　　　　(D)二

74. XW 系列自动平衡记录仪主要由测量桥路。放大器,(　　)电机等组成。
　　(A)可逆　　　　(B)交流　　　　(C)步进　　　　(D)直流

75. XWG-101 自动平衡记录仪型号中第一个"1"的含义是(　　)。
　　(A)单指针　　　　　　　　　　　(B)单笔
　　(C)一位控制　　　　　　　　　　(D)单指针、单笔记本

76. 具有参考端温度自动补偿的自动平衡记录仪(0.5 级)应采用(　　)法进行检定。
　　(A)补偿导线法　　　　　　　　　(B)测量接线端子处温度法
　　(C)电压法　　　　　　　　　　　(D)双极法

77. 自动平衡记录仪检定时,取三个检定循环中误差(　　)的作为该仪表的基本误差。
　　(A)平均值　　　(B)最小　　　　(C)最大　　　　(D)加权平均值

78. 对于自动平衡记录仪的检定,选用的整套检定、设备的误差应小于被检仪表允许误差的(　　)分之一。
　　(A)三　　　　　(B)二　　　　　(C)五　　　　　(D)十

79. 半导体温度计检定时,测得实际温度为 50.6 ℃,被检温度计示值 50.8 ℃,则被检温

度计修正值为(　　)℃。

(A)－0.2　　　　　(B)0.2　　　　　(C)0.1　　　　　(D)－0.6

80. 动圈式温度仪表检定时,400 ℃刻度线,标称电量值为 24.902 mV,实际测量值为 24.852 mV,则仪表 400 ℃时基本误差为(　　)mV。

(A)0.05　　　　　(B)－0.05　　　　(C)0.1　　　　　(D)－0.1

81. 按照修约规则,保留三位有效数字,7.135 mV 修约后的数值为(　　)mV。

(A) 7.13　　　　　(B)7.135　　　　(C)7.14　　　　　(D)7.1

82. 某温度计标称范围为－30 ℃～100 ℃,其量程为(　　)℃。

(A)－130　　　　　(B)130　　　　　(C)100　　　　　(D)－100

83. 测量结果与被测量(　　)之差叫测量误差。

(A) 示值　　　　　(B)真值　　　　　(C)修正值　　　　(D)修正值

84. 测量结果包括(　　)、未修正的测量结果和已修正测量结果。

(A) 示值　　　　　(B)平均值　　　　(C)修正值　　　　(D)真值

85. 修正值的大小等于已定(　　)误差,但符号相反。

(A)随机　　　　　(B)测量　　　　　(C)系统　　　　　(D)方法

86. 可单独地或与辅助设备一起,用以直接或间接确定被测对象(　　)的器具或装置。

(A)误差　　　　　(B)数值　　　　　(C)真值　　　　　(D)量值

87. 热电偶是一种(　　)。

(A) 传感器　　　　(B)保护器　　　　(C)变送器　　　　(D)放大器

88. 按照国家计量(　　)系统表规定的准确度等级,用于检定较低等级计量标准或工作计量器具的计量器具,叫计量标准。

(A) 校准　　　　　(B)检定　　　　　(C)管理　　　　　(D)检查

89. 在同一被测量的多次测量过程中,保持恒定或以可预知方式变化的(　　)的分量,叫系统误差。

(A) 器具误差　　　(B)方法误差　　　(C)测量误差　　　(D)人员误差

90. 在安放油槽的地方,必须有(　　)。

(A)水　　　　　　(B)豆油　　　　　(C)沙土　　　　　(D)灭火器

91. 量值传递的含义是通过对计量器具的检定或校准,将国家基准所复现的单位量值通过各等级(　　)传到工作计量器具。

(A) 计量标准　　　(B)计量器具　　　(C)检定规程　　　(D)单位

92. 国家计量检定系统表包括基准各等级(　　)和工作计量器具。

(A) 计量器具　　　(B)计量仪器　　　(C)计量装置　　　(D)计量标准

93. 为了评定计量器具的(　　)特性,确定其是否符合法定要求所进行的全部工作,叫检定。

(A) 准确　　　　　(B)稳定　　　　　(C)计量　　　　　(D)量传

94. 检定计量器具时必须遵守的法定(　　)文件叫检定规程。

(A) 管理　　　　　(B)技术　　　　　(C)程序　　　　　(D)参考

95. 计量器具相邻两次(　　)检定间的时间间隔,叫检定周期。

(A)抽查　　　　　(B)巡检　　　　　(C)入库　　　　　(D)周期

96. 强制检定包括用于贸易结算,安全防护、医疗卫生、(　　)四个方面列入国家强检目录的工作计量器具。

(A) 工业生产　　　(B)农业生产　　　(C)安全保卫　　　(D)环境监测

97. 证明计量器具经过检定(　　)的文件叫检定结果通知书。

(A) 合格　　　(B)不合格　　　(C)可使用　　　(D)不可使用

98. 加在计量器具上证明该计量器具已进行过(　　)的标记叫检定标记。

(A)测量　　　(B)校准　　　(C)检定　　　(D)量传

99. 在规定条件下,为确定计量器具(　　)误差的一组操作,叫校准。

(A) 系统　　　(B)随机　　　(C)计量　　　(D)示值

100. 法定计量单位是国家以法令的形式(　　)使用或允许使用的计量单位。

(A) 强迫　　　(B)可以　　　(C)禁止　　　(D)规定

101. 检定工业用热电偶采用(　　)法。

(A) 微差　　　(B)双极法　　　(C)同名极　　　(D)定点

102. 电接点玻璃水银温度计连接电阻不应大于(　　)欧姆。

(A) 30　　　(B)40　　　(C)10　　　(D)20

103. 电接点玻璃水银温度计检定时,实际温度等于标准水银温度计示值＋该点(　　)。

(A)误差　　　(B)修正值　　　(C)不确定度　　　(D)标准差

104. 可调式电接点玻璃水银温度计动作误差应在标尺范围内任意(　　)点上进行。

(A)两　　　(B)三　　　(C)四　　　(D)五

105. 动圈式温度表测量机构是一个(　　)式表头。

(A)电桥　　　(B)机械　　　(C)磁电　　　(D)压力

106. 压力式温度计安装时表头应(　　)安装。

(A)垂直　　　(B)水平　　　(C)倾斜　　　(D)倒挂

107. 压力式温度计检定时,恒温槽温度偏离检定点±(　　)℃以内。

(A) 0.3　　　(B)0.5　　　(C)1.0　　　(D)1.5

108. 玻璃液体温度计按结构可分为三种,即透明棒式温度计,内标式和(　　)温度计。

(A)外标式　　　(B)电接点式　　　(C)局浸式　　　(D)全浸式

109. 工业用玻璃液体温度计检定时,恒温槽应控制在偏离检定点(　　)℃以内。

(A) 1　　　(B)0.5　　　(C)0.2　　　(D)0.1

110. 工业用局浸玻璃液体温度计检定时,按规定浸没深度不应小于(　　)mm。

(A)50　　　(B)75　　　(C)25　　　(D)100

111. XW 系列自动平衡记录仪中常用的 JF-12 型放大器是(　　)放大器。

(A)直流　　　(B)交流　　　(C)电压　　　(D)运算

112. 计量检定人员是指经考核合格,持有计量(　　)证件、从事计量检定工作的人员。

(A) 校准　　　(B)管理　　　(C)检定　　　(D)监管

113. 工作用玻璃液体温度计的修正值＝实际温度－被检温度计(　　)。

(A) 真值　　　(B)绝对值　　　(C)修正值　　　(D)示值

114. XW 系自动平衡记录仪信号输入端短路时,仪表指针将指向(　　)。

(A)室温　　　(B)下限　　　(C)上限　　　(D)原来位置

115. 多级放大器的总放大倍数等于各级放大倍数的(　　)。

(A)和　　　　　　(B)乘积　　　　　　(C)差　　　　　　(D)商

116. 在逻辑电路中,如果高电位代表"1",低电位代表"0",这样的电路称为(　　)电路。

(A)正逻辑　　　　(B)负逻辑　　　　(C)运放　　　　(D)模拟

117. 整流电路的目的是将交流电变成直流电,这一目的的实现主要靠(　　)管的单向导电特性。

(A)三级　　　　　(B)光电　　　　　(C)开关　　　　(D)二极

118. 配阻动圈式温度仪表的安装接线方法主要有两种,二线接法和(　　)接法。

(A)一线　　　　　(B)三线　　　　　(C)四线　　　　(D)五线

119. 动圈式温度仪表中,逆时针调整磁路系统的磁分路片,仪表指针随之(　　)。

(A)增大　　　　　(B)减少　　　　　(C)不变　　　　(D)锐减

120. 在磁铁外部,磁力线的方向总是从 N 极出发,回到(　　)极。

(A)正　　　　　　(B)负　　　　　　(C)S　　　　　　(D)P

121. 用接触法测量温度的根本条件,是要求温度计的感温元件与被测物体达到完全的(　　)。

(A)热平衡　　　　(B)接触　　　　　(C)融合　　　　(D)对流

122. 下列哪种热电偶是标准化热电偶。(　　)

(A)K 型　　　　　(B)钨铼系　　　　(C)铁—康铜　　(D)镍铬—金铁

123. 判断 K 型热电偶的正、负极时,(　　)。

(A)正极亲磁　　　(B)负极亲磁　　　(C)正、负极都亲磁　(D)正、负极都不亲磁

124. 热电偶分度表是在参考端温度为(　　)℃时制定的。

(A)0　　　　　　　(B)20　　　　　　(C)25　　　　　(D)18

125. 工业用廉金属热电偶的检定规程是 JJG351-(　　)。

(A)84　　　　　　(B)82　　　　　　(C)96　　　　　(D)98

126. 廉金属热电偶测量端的焊接形式有(　　)、对焊、绞状点焊。

(A)钎焊　　　　　(B)点焊　　　　　(C)盐水焊　　　(D)电弧焊

127. XW 系列自动平衡记录仪在使用同时所受的干扰有两大类,即横向干扰和(　　)干扰。

(A)纵向　　　　　(B)漏电　　　　　(C)电磁场　　　(D)端间

128. JF-12 型晶体管放大器主要由输入级、(　　)放大级、功率放大级和电源部分组成。

(A)磁　　　　　　(B)相位　　　　　(C)电压　　　　(D)电位

129. 半导体点温计检定时,每个检定点应测量(　　)次。

(A)1　　　　　　　(B)2　　　　　　(C)3　　　　　　(D)4

130. 半导体点温计检定时,检定点应为(　　)个。

(A)5　　　　　　　(B)4　　　　　　(C)3　　　　　　(D)6

131. 半导体点温计检定时,恒温槽温度偏离检定点不应超过(　　)℃。

(A)0.1　　　　　　(B)0.2　　　　　(C)0.5　　　　　(D)1.0

132. 半导体点温计检定时,读数估读到仪表分度值的(　　)分之一。

(A)十　　　　　　(B)五　　　　　　(C)二　　　　　(D)三

133. 压力式温度计检定时,检定点应不少于( )点。
(A)三   (B)四   (C)五   (D)六

134. 压力式温度计检定时,读取测量值应估读到仪表分度值的( )分之一。
(A)十   (B)五   (C)四   (D)二

135. 压力式温度计检定时,接点动作误差应在主分度线上进行,不得少于( )点。
(A)一   (B)二   (C)三   (D)四

136. 由于计量器具从它的正常位置倾斜而产生的( )变化叫倾斜误差。
(A)示值   (B)平均值   (C)修正值   (D)真值

137. 测量不确定度按数值的评定方法可归成两类:A类不确定度和( )类不确定度。
(A)B   (B)C   (C)D   (D)F

138. 测量数据 0.082 0 V 有( )位有效数字。
(A)2   (B)3   (C)4   (D)5

139. 玻璃液体温度计的检定点少于( )点时,应对刻度的始、末、中间任意点进行检定。
(A)2   (B)3   (C)4   (D)5

140. 检定证书必须有检定、核验和( )人员签字。
(A)厂长   (B)主任   (C)组长   (D)主管

141. 根据( )规定的周期,对计量器具所进行随后检定叫周期检定。
(A)校准方法   (B)计量法   (C)检定规程   (D)单位

142. 在规定条件下,为确定计量器具( )或其指示装置所表示量值的一组操作叫定度。
(A)实际值   (B)修正值   (C)误差   (D)不确定度

143. 半导体点温计的修正值应化整至分度值的( )分之一。
(A)十   (B)五   (C)三   (D)二

144. 自动平衡记录仪的检定误差化整位数约为被检仪表允许误差的( )分之一。
(A)二   (B)三   (C)四   (D)十

145. 半导体温计的检定周期,按规程最长不得超过( )。
(A)半年   (B)1 年   (C)2 年   (D)3 年

146. 使用中的自动平衡记录仪,检定周期根据具体情况确定,但最长不得超过( )。
(A)2 年   (B)1 年   (C)半年   (D)三个月

147. 动圈式温度仪表的检定周期根据使用情况而定,一般不超过( )。
(A)1 年   (B)2 年   (C)半年   (D)3 年

148. 根据检定规程,工作用廉金属热电偶的检定周期一般为( )。
(A)半年   (B)1 年   (C)2 年   (D)3 个月

149. 热电偶的老化。变质现象叫热电偶的( )。
(A)老化   (B)劣化   (C)变质   (D)退化

150. 热电偶检定时,每个检定点应读数( )次。
(A)二   (B)三   (C)四   (D)一

151. 玻璃液体温度计的检定周期视情况而定,最长不得超过( )。

(A)1 年　　　　　(B)2 年　　　　　(C)3 年　　　　　(D)4 年

152. 使用中的自动平衡记录仪检定时,(　　　)、记录质量、运行试验等项目可以不检。

(A)绝缘电阻　　　(B)行程时间　　　(C)绝缘强度　　　(D)外观

153. 对于使用中的动圈式温度仪表,绝缘强度和(　　)两项目按规程可以不检。

(A)阻尼时间　　　(B)越限　　　　　(C)切换差　　　　(D)绝缘电阻

154. 新制造的电接玻璃水银温度计对寿命试验项目应进行不定期(　　　)。

(A)周检　　　　　(B)抽检　　　　　(C)巡检　　　　　(D)检定

155. 下列定律和效应中,哪一个与热电偶测温原理有关(　　　)。

(A)光电效应　　　(B)塞贝克效应　　(C)欧姆定律　　　(D)克希霍夫定律

三、多项选择题

1. 常用热电偶分度号有哪些。(　　　)

(A)K　　　　　　(B)S　　　　　　(C)P　　　　　　(D)M

2. 常用热电阻分度号有哪些。(　　　)

(A)Pt100　　　　(B)S　　　　　　(C)Cu50　　　　　(D)M

3. 强制检定工作计量器具包括以下(　　　)方面的计量器具。

(A)重要场所　　　(B)贸易结算　　　(C)安全防护　　　(D)医疗卫生

4. 下列(　　　)分度号热电偶是标准化热电偶。

(A)K　　　　　　(B)钨铼系　　　　(C)T　　　　　　(D)N

5. 热电阻的接线方法主要有(　　　)。

(A)二线制　　　　(B)三线制　　　　(C)四线制　　　　(D)五线制

6. 热电偶的热电势主要与下列(　　　)方面有关。

(A)测量端温度　　　　　　　　　　(B)参考端温度

(C)热电偶长度　　　　　　　　　　(D)热电偶的电阻

7. 热电偶的测量端应焊接牢固,表面应(　　　)。

(A)光滑　　　　　(B)有气孔　　　　(C)无气孔　　　　(D)呈球状

8. 测量 600 ℃的炉内温度适合用哪种分度号热电偶。(　　　)

(A)J　　　　　　(B)K　　　　　　(C)E　　　　　　(D)N

9. XW 系列自动平衡记录仪主要由(　　　)组成。

(A)测量桥路　　　(B)放大器　　　　(C)可逆电机　　　(D)指示机构与调节机构

10. 压力式温度计主要由(　　　)组成。

(A)测量桥路　　　(B)感温包　　　　(C)毛细管　　　　(D)盘簧管

11. 压力式温度计的种类可分为(　　　)。

(A)充水银式　　　(B)充气式　　　　(C)充蒸发液体式　(D)充液体式

12. 热电偶的保护管的材料主要有(　　　)。

(A)瓷管　　　　　(B)不锈钢管　　　(C)石英管　　　　(D)铜管

13. 下列各项中(　　　)是普通热电偶的主要组成部分。

(A)盘簧管　　　　(B)绝缘材料　　　(C)保护管　　　　(D)接线盒

14. 量的约定真值可充分地接近真值,在实际测量中,通常以被测量的(　　　)作为真值。

(A) 标准偏差　　　　　　　　　　　　　　(B)实际值

(C) 已修正的算术平均值　　　　　　　　　(D)计量标准所复现的量值

15. 玻璃液体温度计按结构可分为(　　　)。

(A)三线式　　　　(B)内标式　　　　(C)外标式　　　　(D)棒式

16. 有机液体温度计具有(　　　)的特点。

(A)粘玻璃　　　　(B)灵敏度不高　　(C)刻度不均匀　　(D)传热慢

17. 热电偶的损坏程度一般分为(　　　)。

(A)轻度　　　　　(B)中度　　　　　(C)较严重　　　　(D) 严重

18. 热传递的基本方式是 (　　　)。

(A)传导　　　　　(B)对流　　　　　(C)辐射　　　　　(D)褶皱

19. 下列各项中(　　　)是普通热电阻的主要组成部分(　　　)。

(A)电阻体　　　　(B)绝缘材料　　　(C)毛细管　　　　(D)盘簧管

20. 误差的两种基本表现形式是(　　　)。

(A)绝对误差　　　(B)相对误差　　　(C)系统误差　　　(D)随机误差

21. 下列各项中(　　　)是国际单位制的基本单位的单位符号。

(A)K　　　　　　(B)kg　　　　　　(C)S　　　　　　(D)P

22. 下列各项中(　　　)是 XW 系列自动平衡记录仪的主要组成部分。

(A)毛细管　　　　(B)放大器　　　　(C)可逆电机　　　(D)测桥量路

23. 廉金属热电偶测量端焊点的形式有(　　　)。

(A)对焊　　　　　(B)绞状点焊　　　(C)点焊　　　　　(D)测桥量路

24. 配阻动圈式温度仪表的安装接线方法主要有(　　　)。

(A)一线接法　　　(B)二线接法　　　(C)三线接法　　　(D)五线接法

25. 常用的测温仪表可分为(　　　)。

(A)接触式　　　　(B)平衡式　　　　(C)数字式　　　　(D)非接触式

26. 热电偶所产生的电动势是由(　　　)所组成。

(A)温差电势　　　(B)放大器　　　　(C)三线接法　　　(D)接触电势

27. 辐射温度计的测方法有(　　　)。

(A)亮温法　　　　(B)色温法　　　　(C)三线接法　　　(D)全辐射温度法

28. 决定能红外测温仪的准确度的主要因素是(　　　)。

(A)辐射系数　　　(B)距离比　　　　(C)视场　　　　　(D) 平衡

29. 玻璃液体温度计按结构分为(　　　)。

(A)棒式　　　　　(B)内标式　　　　(C)外标式　　　　(D)四线式

30. 玻璃水银温度计具有(　　　)的特点。

(A)不粘玻璃　　　(B)灵敏度不高　　(C)不易氧化　　　(D)传热快

31. 有机液体温度计具有(　　　)的特点。

(A)不粘玻璃　　　(B)灵敏度不高　　(C)刻度不均匀　　(D)传热慢

32. 玻璃液体温度计按填充物不同可分(　　　)。

(A)水银温度计　　(B)有机液体温度计　(C)外标式　　　　(D)四线式

33. 膨胀式温度计的种类包括(　　　)。

（A）棒式　　　　　　（B）液体膨胀式　　　　（C）气体膨胀式　　　　（D）固体膨胀式

34．玻璃液体温度计主要由（　　）组成。

（A）玻璃棒　　　　　（B）感温泡　　　　　　（C）毛细管和液柱　　　（D）刻度和安全泡

35．膨胀式温度计具有（　　）的特点。

（A）结构简单　　　　（B）使用方便　　　　　（C）价格低　　　　　　（D）坚固耐用

36．双金属温度计具有（　　）的特点。

（A）结构简单　　　　（B）使用方便　　　　　（C）价格低　　　　　　（D）坚固耐用

37．普通热电偶的热惰性级别有（　　）。

（A）Ⅰ级　　　　　　（B）Ⅱ级　　　　　　　（C）Ⅲ级　　　　　　　（D）Ⅳ级

38．带温度传感器的温度变送器主要由（　　）组成。

（A）毛细管　　　　　（B）传感器　　　　　　（C）信号转换器　　　　（D）盘簧管

39．温度变送器主要有哪几种。（　　）

（A）带温度传感器的　　　　　　　　　　　　（B）不带温度传感器的

（C）内标式　　　　　　　　　　　　　　　　（D）外标式

40．数字式温度仪表具有（　　）特点。

（A）读数直观　　　　（B）配接灵活　　　　　（C）抗干扰性好　　　　（D）坚固耐用

41．申请计量检定员资格应当具备的条件包括（　　）。

（A）具备中专（含高中）或相当于中专（含高中）毕业以上文化程度

（B）连续从事计量专业技术工作满 1 年，并具备 6 个月以上本项目工作经历

（C）具备相应的计量法律法规以及计量专业知识

（D）熟练掌握所从事项目的计量检定规程等有关知识和操作技能

42．计量检定人员享有（　　）的权利。

（A）在职责范围内依法从事计量检定活动

（B）依法使用计量检定设施，并获得相关技术文件

（C）参加本专业继续教育

（D）使用未经考核合格的计量标准开展计量检定

43．计量检定人员应当履行（　　）的义务。

（A）依照有关规定和计量检定规程开展计量检定活动，恪守职业道德

（B）保证计量检定数据和有关技术资料的真实完整

（C）正确保存、维护、使用计量基准和计量标准

（D）承担质量技术监督部门委托的与计量检定有关的任务

44．国际单位制中的辅助单位的有（　　）。

（A）平面角　　　　　（B）立体角　　　　　　（C）秒　　　　　　　　（D）坎德拉

45．国际单位制由（　　）组成。

（A）SI 单位　　　　　　　　　　　　　　　　（B）SI 词头

（C）SI 单位的倍数和分数　　　　　　　　　　（D）感温元件

46．中国法定计量单位由（　　）组成。

（A）国际单位制单位　　　　　　　　　　　　（B）坎德拉

（C）中国选定的非国际单位制单位　　　　　　（D）感温元件

47. 下列单位中( )是国际单位制的基本单位。

(A) 坎德拉　　　　(B) 平面角　　　　(C)米　　　　(D)安培

48. 在数字电路中,最基本的逻辑关系有( )。

(A)与　　　　(B)或　　　　(C)非　　　　(D)安培

49. 用热电偶测量温度时,热电偶的最小插入深度一般应大于保护管外径的( )倍。

(A)5　　　　(B)8　　　　(C)9　　　　(D)10

50. 1990 年国际实用温标包括( )。

(A)国际实用开尔文温度　　　　　　(B)国际实摄氏用温度

(C)华氏温度　　　　　　　　　　　(D)列氏温度

51. 测量误差主要来源于( )方面。

(A)设备误差　　　(B)环境误差　　　(C)人员误差　　　(D)相对误差

52. 测量误差按性质分可分为( )。

(A)随机误差　　　(B)系统误差　　　(C)设备误差　　　(D)粗大误差

53. 测温仪表的准确度等级分为( )。

(A)0.1　　　　(B)0.2　　　　(C)0.5　　　　(D)1.5

54. 玻璃液体温度计按使用时浸没的方式不同可分为( )。

(A)水银式　　　(B)全浸式　　　(C)局浸式　　　(D)粗大误差

55. 玻璃液体温度计按使用对象不同可分( )。

(A)标准玻璃液体温度计　　　　(B)工作用玻璃液体温度计

(C)特殊温度计　　　　　　　　(D)普通温度计

56. 玻璃液体温度计按分度值不同可分( )。

(A)酒精温度计　　　　　　　　(B)高精密温度计

(C)普通温度计　　　　　　　　(D)水银温度计

57. 工业过程记录仪具有( )的特点。

(A)结构简单　　　(B)可靠性高　　　(C)功能齐全　　　(D)使用方便

58. 工业过程记录仪按所配附加装置的不同可分为( )。

(A)局浸式　　　(B)显示式　　　(C)调节式　　　(D)报警式

59. 工业过程记录仪按外形大小的不同可分为( )。

(A)大型　　　(B)中型　　　(C)小型　　　(D)条型

60. 工业过程记录仪按外形形状的不同可分为( )。

(A)调节　　　(B)圆图　　　(C)长图　　　(D)条型

61. 数字式温度仪表按功能的不同可分( )。

(A)显示型　　　(B)显示调节报警型　　(C)巡回检测型　　　(D)记录型

62. 数字式温度仪表按结构的不同可分( )。

(A)带微处理器　　(B)不带微处理器　　(C)中型　　　(D)小型

63. 数字式温度仪表的输出调节信号分为( )。

(A)位式调节信号　　(B)连续 PID　　(C)断续 PID　　　(D)显示信号

64. 检定数据的修约应循( )法则。

(A)最大值　　　(B)四舍五入　　　(C)偶数法则　　　(D)小型

65. 试确定下列各种热电偶,哪几种是标准化热电偶。(　　)

(A)镍铬—镍硅　　　　　　　　　　(B)钨—钨铼

(C)镍铬—铜镍　　　　　　　　　　(D)铁—铜镍

66. 工业热电阻按分度号不同可分(　　)。

(A)PT100　　　　(B)PT10　　　　(C)CU50　　　　(D)T

67. 铠装热电偶是由(　　)三者组合加工而成的。

(A)热电极　　　(B) 绝缘材料　　　(C)金属套管　　　(D)水银

68. 热电偶按结构形式不同分为(　　)。

(A)普通型　　　(B)铠装型　　　(C)表面型　　　(D)多点型

69. 利用热电偶测温具有(　　)特点。

(A)结构简单　　　(B)精度高　　　(C)动态响应快　　　(D)可远距离测温

70. 铠装热电偶按测量端不同分为(　　)。

(A)碰底型　　　(B)不碰底型　　　(C)露头型　　　(D)帽型

71. 利用铠装热电偶测温具有(　　)特点。

(A)热容量大　　　(B)可弯曲　　　(C)动态响应快　　　(D)寿命长

72. 利用辐射温度计测温受环境影响较大,如(　　)。

(A)烟雾　　　(B)灰尘　　　(C)水蒸气　　　(D)二氧化碳

73. 现场检查仪表故障的原则有(　　)。

(A)由大到小　　　(B)由表及里　　　(C)由简到繁　　　(D)偶数法则

74. 工业过程记录仪按原理可分为(　　)。

(A)自动平衡式　　　(B)直接驱动式　　　(C)长图　　　(D)条型

75. 工业过程记录仪按显示方式可分为(　　)。

(A)圆图　　　(B)模拟　　　(C)长图　　　(D)数字

76. 工业过程记录仪按记录通道的不同可分为(　　)。

(A)多通道　　　(B)圆图　　　(C)单通道　　　(D)条型

77. 自动调节系统有哪些主要类型。(　　)。

(A)直接驱动系统　　　　　　　　　(B)程序调节系统

(C)随动调节系统　　　　　　　　　(D)定值调节系统

78. 数字式温度仪检定时,其显示值应(　　)。

(A)清晰　　　(B)无叠字　　　(C)不缺笔画　　　(D)亮度均匀

79. 数字式温度仪表检定时,其部件应(　　)。

(A)无松动　　　(B)无破损　　　(C)无缺陷　　　(D)呈条型

80. 工业过程记录仪检定时,其记录曲线应符合(　　)。

(A)无断线　　　(B)无漏打　　　(C)无乱打　　　(D)打点清楚

81. 工业过程记录仪检定时,其记录纸不应该(　　)。

(A)呈圆形　　　(B)脱出　　　(C)歪斜　　　(D)褶皱

82. 压力式温度计检定时,其部件应(　　)。

(A)无松动　　　(B)无破损　　　(C)无缺陷　　　(D)不透明

83. 压力式温度计检定时,其刻度、数字应(　　)。

(A)透明　　　　(B)完整　　　　(C)清晰　　　　(D)准确

84. 压力式温度计检定时,其指针应(　　)。

(A)移动平稳　　(B)无跳动　　　(C)无停滞　　　(D)无破损

85. 动圈式温度仪表检定时,其指针移动时应(　　)。

(A)平稳　　　　(B)无卡针　　　(C)无摇晃　　　(D)无停滞

86. 数字式温度仪表检定时,其部件应(　　)。

(A)呈条型　　　(B)无破损　　　(C)无缺陷　　　(D)装配牢固

87. 热电偶是一种(　　)。

(A)传感器　　　(B)仪表　　　　(C)变送器　　　(D)放大器

88. 检定证书必须有(　　)人员的签字。

(A)检定　　　　(B)核验　　　　(C)组长　　　　(D)主管

89. 测量不确定度按数值的评定方法可归成哪几类(　　)。

(A)A 类不确定度　　　　　　　(B)B 类不确定度

(C)C 类不确定度　　　　　　　(D)D 类不确定度

90. 张丝支承式动圈温度仪表的测量机构主要由(　　)组成。

(A)动圈和指针　　(B)支承系统　　(C)磁路系统　　(D)可逆电机

四、判 断 题

1. 计量的定义是实现单位统一、量值准确可靠的活动。(　　)

2. 量的真值只有通过完善的测量才有可能获得。(　　)

3. 计量检定的目的是确保检定结果的准确,确保量值的溯源性。(　　)

4. 灵敏度是反映测量仪器被测量变化引起仪器示值变化的程度 。(　　)

5. 准确度是计量器具的基本特征之一。(　　)

6. 测量仪器是用来测量并能到被测对象确切量值的一种技术工具或装置。(　　)

7. 漂移是测量仪器计量特性的慢变化。(　　)

8. 重复性是指在相同测量条件,对同一被测量进行连续多次测量所得结果之间的一致性。(　　)

9. 复现性是指在改变了的测量条件下,同一被测量之间的一致性。(　　)

10. 个体工商户可以制造、修理计量器具。(　　)

11. 国务院计量行政部门对全国计量工作实施统一监督管理。(　　)

12. 属企业、事业单位最高计量标准对社会上实施计量监督具有公证作用。(　　)

13. 测量仪器的引用误差是测量仪器的误差除以仪器的特定值。(　　)

14. 测量结果减去被测量的真值称为测量误差。(　　)

15. 计量检定必须按照国家计量检定系统表进行。(　　)

16. 国际单位制是在公制基础上发展起来的单位制。(　　)

17. 开尔文是国际单位制中具有专门名称的导出单位。(　　)

18. 实际用以检定计量标准的计量器具是计量基准。(　　)

19. 计量检定可以参照技术要求进行。(　　)

20. 社会公用计量标准对社会上实施计量监督具有公证作用。(　　)

21. 安装压力式温度计表头应水平安装。（　　）

22. 压力式温度计可分为充气式、充蒸发液体式两种。（　　）

23. 压力式温度计检定时,其温包应全部浸入介质中。（　　）

24. 压力式温度计检定时环境温度应为(20±10)℃。（　　）

25. 测量范围为 100 ℃的 1.5 级压力式温度计,其允许基本误差为 1.5 ℃。（　　）

26. 压力式温度计测量上、下限只进行单行程检定。（　　）

27. 压力式温度计检定时,恒温槽温度偏离检定点应在 1.0 ℃以内。（　　）

28. 玻璃液体温度计检定时读数要估读到分度值的二分之一。（　　）

29. 被检玻璃液体温度计的修正值等于实际温度减少去被检温度计示值。（　　）

30. 工业用普通玻璃液体温度计检定时应读数两次(每一点)。（　　）

31. 工业用玻璃液体温度计检定时恒温槽应控制在偏离检定点 0.5 ℃以内。（　　）

32. 玻璃液体温度计按结构可分三种,透明棒式温度计、内标式和外标式温度计。（　　）

33. 工业用全浸玻璃液体温度计检定时,液柱露出高度不应大于 25 mm。（　　）

34. 工作用廉金属热电偶检定时,炉温偏离检定点不应超过 10 ℃。（　　）

35. 表面热电偶适宜于狭小管道内测温。（　　）

36. 铠装热电偶适宜于狭小管道内的测温。（　　）

37. 热电偶补偿导线起到延长热电极的作用。（　　）

38. 热电偶分度表是在热电偶参考端温度为 20 ℃时确定的。（　　）

39. 热电偶的误差与修正值大小相等但符号相反。（　　）

40. 热电偶的测量端应焊接牢固,呈球状,表面应光滑、有气孔。（　　）

41. K 分度号的热电偶的负端具有亲磁性。（　　）

42. 半导体点温计的计量标准是三等水银温度计。（　　）

43. 半导体温计在每个检定点读数前必须校满度。（　　）

44. 半导体点温计倾斜误差的检定应在测量范围的 50%,附近刻度线上进行。（　　）

45. 半导体温度计检定时,测量实际温度 50.5 ℃被检温度计示值 50.8 ℃,测被检温度计修正值为 0.3 ℃。（　　）

46. 按照修约规则,保留三位有效数字,7.135 修约扣的数值为 7.13。（　　）

47. 某温度计标称范围为 -30 ℃～100 ℃,其量程为 130 ℃。（　　）

48. 测量结果与被测量绝对值之差叫测量误差。（　　）

49. 测量结果包括示值,未修正的测量结果和已修正的测量结果。（　　）

50. 修正值的大小等于已定系统误差,但符号相反。（　　）

51. 平均值就是一个被测量的 n 次测量值的代数和除以 n 而得的商。（　　）

52. 1.0 级动圈式温度表的指示基本误差不应超过仪表电量程的 ±2.0%。（　　）

53. 常用的测温仪表可分为接触式与数字式两大类。（　　）

54. 动圈式温度仪表检定时,环境温度应为(23±5)℃。（　　）

55. 动圈式温度仪表进行指示基本误差检定时,检定点包括上、下限应选 5 个。（　　）

56. 电接点玻璃水银温度计检定时,标准环境温度应为 20 ℃。（　　）

57. 电接点玻璃水银温度计的连接电阻不应大于 20Ω。（　　）

58. 动圈式温度仪表中的张丝不但可以产生反作用力矩,还有支承作用。（　　）

59. 配偶动圈式温度仪表在热电偶开路时,仪表指针指向室温。(　　)

60. XW 系列自动平衡记录仪基本误差的检定应进行三个循环的测量(每个点)。(　　)

61. XW-101 型自动平衡记录仪型号中第一个"1"的含义是单指针。(　　)

62. XW 系列自动平衡记录仪主要由测量桥路、放大器、步进电机等部件组成。(　　)

63. XW 系列自动平衡记录仪主要由测量桥路、放大器、可逆电机、指示机构与调节机构组成。(　　)

64. XW 系列自动平衡记录仪检定时,环境温度应为(18±5) ℃。(　　)

65. XW 系列自动平衡记录仪检定时,检定点包括上、下限至少应 5 个点。(　　)

66. XW 系列自动平衡记录仪使用时,若仪表离热源较近,则仪表的稳定性受到破坏。(　　)

67. XW 系列自动平衡记录仪中变流器的作用是将交流电变成直流电。(　　)

68. 具有参考端温度自动补偿的 0.5 级 XW 系列自动平衡记录仪应采用测量接线端子处温度法检定。(　　)

69. XW 系列自动平衡记录仪中常用的 JF-12 型放大器是交流放大器。(　　)

70. 为了评定计量器具的稳定特性,确定其是否符合法定要求所进行的全部工作叫检定。(　　)

71. 检定计量器具时必须遵守的法定程序文件叫检定规程。(　　)

72. 计量器具想邻两次周期检定间的时间间隔,叫检定周期。(　　)

73. 强制检定的计量器具包括全部用于环境监测方面的计量器具。(　　)

74. 证明计量器具经检定合格的文件叫检定结果通知书。(　　)

75. 加在计量器具上证明该计量器具已进行过检定的标记叫检定标记。(　　)

76. 在规定条件下,为确定计量器具系统误差的一组操作叫校准。(　　)

77. 法定计量单位是国家以法令的形式,强迫使用或允许使用的计量器具。(　　)

78. 计量检定员有权拒绝任何人迫使其违反检定规程。(　　)

79. 局浸玻璃液体温度计进行示值检定时,标准环境温度定为 20 ℃。(　　)

80. 工业用廉金属热电偶(Ⅱ级)的计量标准是一等标准 S 热电偶。(　　)

81. 工业用玻璃液体温度计修正值等于实际温度减去被检温度计示值。(　　)

82. JJG363-84 半导体点温计检定规程适用于数字式半导体温计的检定。(　　)

83. 计量器具可分为计量基准、计量标准、工作计量器具。(　　)

84. 热电偶是一种变送器。(　　)

85. 按国家计量检定系统表规定的准确度等级,用于检定较低等级计量标准或工作计量器具的计量器具叫计量标准。(　　)

86. 在同一被测量的多次测量过程中,保持恒定的测量误差分量是系统误差。(　　)

87. 具有参考端温度自动补偿的 XW 系列自动平衡记录仪应采用补偿导线法进行检定。(　　)

88. 二等标准铂电阻温度计不能作为工作用玻璃液体温度计的计量标准。(　　)

89. 用于检定工作用廉金属热电偶的低电势直流电位差计准确度不低于 0.05 级。(　　)

90. XW 系列自动平衡记录仪的计量标准器是 UJ33a 直流电位差计,准确度为 0.05 级。(　　)

91. 标准水槽的使用范围是 0 至 300 ℃。（　　）

92. 油槽的工作温度必须比油的闪点低。（　　）

93. 配阻动圈式温度仪表的计量标准是直流电阻箱,一般为 0.02 级。（　　）

94. 检定系统是国家对工作计量器具的检定主从关系所作的技术规定。（　　）

95. 量值传递是指国家将基准所复现的计量单位量值传递给各级计量标准。（　　）

96. XW 系列自动平衡记录仪检定时,我们可以用兆欧表测量仪表的绝缘强度。（　　）

97. 动圈式温度仪表中,反作用力矩是靠动圈在磁场中运动产生的。（　　）

98. 动圈式温度仪表安装地点应无强磁场。（　　）

99. XW 系列自动平衡记录仪信号输入端短路时,仪表指针将指向仪表上限。（　　）

100. 分度值为 1 ℃的电接点玻璃水银温度计检定时,每个检定点可读数两次。（　　）

101. 对于电接点玻璃水银温度计的检定,实际温度即等于标准水银温度计的示值。（　　）

102. 电接点玻璃水银温度计检定时,接通知和断开的动作温度与标尺上接点温度的最大差值即是动作误差。（　　）

103. 直流放大器不能采用阻容耦合的方式组成多级放大器。（　　）

104. 非门通常称为反相器。（　　）

105. 只要给二极管加正向电压,其正向电阻就很小。（　　）

106. 整流电路的目的是将交流电变成直流电。（　　）

107. XW 系列自动平衡记录仪的基本误差检定需要进行三个循环测量,然后取 6 个测量误差的平均值作为基本误差。（　　）

108. 通常规定磁体 N 极所指的方向为磁力线的方向。（　　）

109. 动圈式温度仪表中,顺时针调整磁路系统中的磁分路片,仪表示值随之增大。（　　）

110. 配阻动圈仪表的安装接线方法主要有二线和三线接法。（　　）

111. 用接触法测量温度的根本条件,是温度计的感温元件与被测物体达到完全的热平衡。（　　）

112. 标准化热电偶就是标准热电偶。（　　）

113. K 型热电偶的正极具有亲磁性。（　　）

114. 热电偶的分度表是在参考端为 0 ℃的条件下制定的。（　　）

115. 工作用廉金属热电偶的检定规程是 JJG351-84。（　　）

116. 交流强磁场对自动平衡记录仪产生的干扰叫纵向干扰。（　　）

117. JF-12 型晶体管放大器主要由输入级、电压放大级,功率放大和电源部分组成。（　　）

118. 热电偶测量端的焊接方式只有电弧焊和盐水焊接。（　　）

119. 半导体温度计检定时,每个检定点应测量四次。（　　）

120. 半导体点温计检定时,检定点应为 3 个。（　　）

121. 半导体点温计检定时,恒温槽温度偏离检定点不应超过 0.5 ℃。（　　）

122. 半导体点温计检定时,读数应估读到仪表的十分之一。（　　）

123. 压力式温度计检定时,读数应估读到仪表分度值的五分之一。（　　）

124. 压力式温度计检定时,检定点不应少于四点。（　　）

125. 半导体点温计的倾斜误差检定时,应将温度计在前、后、左、右四个方向分别倾斜 10°。（　　）

126. 测量数据 0.082 0 V 有两位有数字。（　　）

127. 测量不确定度就是系统误差加上随机误差。（　　）

128. 检定证书必须有检定,核验、主管人员签字、并加盖检定单位印章。（　　）

129. 周期检定就是对计量器具进行一年一次的检定。（　　）

130. 对于玻璃液体温度计的检定,检定点为刻度的始、末和中间点。（　　）

131. 定度就是在规定条件下,为确定计量器具实际值或其指示装置所表示量值的一组操作。（　　）

132. 对于使用中的动圈式温度仪表,按规程绝缘电阻项目可以不检。（　　）

133. 对于使用中的电接点玻璃水银温度计,连接电阻项目可以不检定。（　　）

134. 对于使用中的自动平衡记录仪,行程时间项目可以不检定。（　　）

135. 热电偶的老化,变质现象叫热电偶的劣化。（　　）

136. 热电偶检定时,每个检定点应读数二次。（　　）

137. 按规程玻璃液体温度计的检定周期最长不超过两年。（　　）

138. 根据检定规程,工作用廉金属热电偶的检定周期一般为 1 年。（　　）

139. 动圈式温度仪表的检定周期应根据使用情况而定一般不超过半年。（　　）

140. 半导体点温计的检定周期,按规程最长不得超过 1 年。（　　）

141. 按规程连续两次周检合格的自动平衡记录仪(带位式控制),检定周期为 1 年。（　　）

142. 半导体点温计的修正值应化整至分度值的二分之一。（　　）

143. 自动平衡记录仪的检定误差的化整位数均为被检仪表允许误差的十分之一。（　　）

144. 热力学温度的符号是 P。（　　）

145. 热力学温度的单位名称是开尔文。（　　）

146. 摄氏温度的符号是 ℃。（　　）

147. 摄氏温度的单位名称是度。（　　）

148. 我国现行的国际温标是 ITS-90 。（　　）

149. 温度是一个表征物体冷热程度的物理量。（　　）

150. 标准大气压下,冰的融点定为 0 ℃。（　　）

151. 摄氏温标规定,水的沸点即是 100 ℃。（　　）

152. 热力学温标规定水的三相点温度为 273.15 ℃。（　　）

153. 两个 10 Ω 的电阻并联后,总电阻为 20 Ω。（　　）

154. 习惯上规定正电荷的定向运动方向作为电流的方向。（　　）

五、简答题

1. 什么是温度?

2. 什么是温标?

3. 什么是热平衡?

4. 我国现行的温标是什么?

5. 0 ℃的定义是什么?

6. 100 ℃的定义是什么?

7. 热力学温标的理论基础是什么定律?

8. 我国计量工作的基本方针是什么?

9. 按数据修约规则,将下列数据修约 小数点后 2 位。

(1)3.141 59　　　　　　修约为

(2)2.715　　　　　　　修约为

(3)4.155　　　　　　　修约为

10. 测量误差的来源可从哪几个方面考虑?

11. 玻璃液体温度计是依据物质的什么原理测温的?

12. 玻璃液体温度计按基本结构可分为哪三种?

13. 局浸玻璃液体温度计进行示值检定时,其环境温度规定为多少? 未达到规定是否修正?

14. 普通玻璃液体温度计检定时应读数多少次?

15. 压力式温度计主要由哪三部分组成?

16. 普通热电偶由哪三部分组成?

17. 什么是量程?

18. 什么叫检定?

19. 具有参考端温度自动补偿的自动平衡记录仪应采用什么方法进行检定?

20. XW 系列自动平衡记录仪是采用什么方法来测量被测电动势的?

21. XW 系列自动平衡记录仪中变流器的作用是什么?

22. 什么叫检定规程?

23. 什么叫检定周期?

24. 什么叫溯源性?

25. 什么叫测量误差?

26. 什么叫测量结果?

27. 什么叫修正值?

28. 动圈式仪表的测量机构是由哪三大部分组成的?

29. 为什么要定期清洗自动平衡记录仪中的滑线电阻? 如何清洗?

30. 什么是双极法检定热电偶?

31. 热电偶测温线路中,延长型补偿导线的作用是什么?

32. 半导体点温计是根据热的电阻的什么特性来测温的?

33. 动圈式温度仪表中张丝的作用是什么?

34. 配热电偶用的动圈仪表,当热电偶断路时,仪表指针偏向最大值还是最小值?

35. 什么是检定结果通知书?

36. 什么叫检定标记?

37. 什么是校准?

38. 什么是计量器具？

39. 什么是传感器？

40. 什么是计量标准：

41. 什么叫系统误差：

42. 什么是量值传递？

43. XWG-101 型自动平衡记录仪型号中第一个"1"代表的意义是什么？

44. 动圈式温度仪表安装时应主要注意哪些方面？

45. 中间导体定律的含义是什么？（热电偶测量规律）

46. 对填写检定证书和检定结果通知书有什么要求？

47. 什么叫法定计量单位？

48. 计量检定人员的职责是什么？

49. 对某温度计 100 ℃点进行检定时，使用水槽还是使用油槽？

50. 局浸玻璃液体温度计检定时，环境温度规定为多少？温度计应按什么要求插入恒温槽中？

51. 玻璃液体温度计检定时读数要估读到分度值的多少分之一？

52. 温度的测量方法有哪些两种？

53. 接触法测量温度应注意哪些事项？

54. 算术平均值的定义是什么？

55. 廉金属热电偶检定时，对热电偶测量端的外观有什么要求？

56. 如何区分故障在自动平衡记录仪内部，还是在处部？

57. 什么是国家计量检定系统表？

58. 强制检定的计量器具包括哪些方面？

59. 华氏温标是如何定义的？

60. 热力学温标的零度是如何规定的？热力学温标规定水的三标点温度是多少开尔文？

61. 计量的定义是什么？

62. 计量学的定义是什么？

63. 什么是量的约定真值？

64. 国际单位制中规定哪几个量为基本量？

65. 什么叫测量？

66. 什么叫计量法？

67. 什么是热辐射？热辐射有哪些特点？

68. 热电偶产生热电势必须具备哪两个条件？

69. 什么是横向干扰？什么是纵向干扰？

70. 接触法测量温度应注意哪些事项？

六、综 合 题

1. 某 1.0 级动圈式温度表，测量范围 0～800 ℃，分度号为 K，此动圈表基本误差允许值是多少？（800 ℃分度值为 33.275 mA）。

2. 某 1.0 级动圈式温度表，测量范围 0～800 ℃，分度号为 K，在 400 ℃点对此表检定，分别读取标准仪器示值为 16.261mV,16.231 mV,(上、下行程),此仪表 400 ℃点的回程误差是多少?

3. 某 1.0 级动圈式温度表,测量范围 0~800 ℃,分度号为 K,在 200 ℃点,上、下行程中与其刻度线对应的实际电量值为 8.112 mV,8.124 mV,200 ℃点的上、下切换值分别为 8.102 mV,8.096 mV 该检定点的设定点偏差是多少?

4. 某 0.5 级自动平衡记录仪,分度号为 K,测量范围 0~100 ℃,对其进行 400 ℃检定时,上、下行程的标准器示值为 16.355 mV、16.375 mV,仪表 400 ℃刻度线对应的标称电量值为16.397mV,此仪表 400 ℃的基本误差是多少?

5. 某 0.50 级自动平衡记录仪,分度号 K,测量范围 0~800 ℃,对其进行 400 ℃设定点误差检定时,上、下切换值分别为 16.357 mV、16.377 mV,被检设定点名义值为 16.397 mV。此仪表 400 ℃的设定点误差是多少?

6. 某 1.0 级半导体点温计,测量范围 0~100 ℃,对其 60 ℃点检定时,标准温度计示值60.1 ℃,半导体温计示值 60.6 ℃,标准温度计修正值 0.1 ℃(60 ℃)。被检点温计 60 ℃点修正值是多少?

7. 摄氏温度 $t = 37$ ℃,相应的热力学温度和华氏温度各是多少?

8. 用热电偶测量温度时,为什么要进行冷端温度补偿?

9. 某一分度值为 10 ℃的玻璃液体温度计,测量范围 0~100 ℃,对其 50 ℃点检定时,标准温度计示值 50.1 ℃被检温度计示值 50.6 ℃,标准温度计修正值为 -0.1 ℃(50 ℃点),被检温度计 50 ℃点的修正值是多少?

10. 某一分度值为 1.0 ℃的电接点玻璃水银温度计,测量范围 0~200 ℃,对其 100 ℃点检定时,标准温度计示值 100.2 ℃,被检温度计示值 100.8 ℃,标准温度计修正值 0.2 ℃(100 ℃)被检温度计 100 ℃点的修正值是多少?

11. 某一分度值为 1.0 ℃的电接点玻璃水银温度计,对其 100 ℃点做动作误差检定时,接通知和断开的动作温度分别是 100.4 ℃和 100.8 ℃,那么,100 ℃点的动作误差是多少?

12. 简述动圈式温度仪表的测温原理?

13. 某 1.5 级压力式温度计,量程 0~100 ℃,对其 60 ℃点检定时,标准温度计示值 59.8 ℃,被检温度计正、反行程示值为 60.3 ℃,标准温度计修正值 0.1 ℃(60 ℃点),求被检温度计 60 ℃点的基本误差?

14. 压力式温度计主要由几部分组成? 工作原理是什么?

15. 在确定自动平衡记录仪有故障后,怎么判断是放大器有故障?

16. 自动平衡记录仪主要由哪几部分组成?

17. 热电偶测量规律中,均质导体定律和中间导体定律各是什么?

18. 我们用一支分度号为 K 的热电偶测量工业炉炉温,其参考端温度为 40 ℃,用数字电压表测得热电偶的热电势为 24.905 mV,(查表得 24.905 相当于 600 ℃)试求炉温?

19. 对某只热电阻等精度测量 550 次,分别得 100.1Ω,100.2Ω,100.4Ω,100.6Ω。求四次测量的平均值及第一次测量的误差?

20. 已知 $R_1 = 10$ Ω。$R_2 = 20$ Ω,求电阻 R_1 和 R_2 并联的总电阻是多少? 其并联电路的总电流 $I = 2$ A,那么电阻 R_1 中的电流是多少?(保留 1 位小数)

21. 摄氏温标是如何定义的?

22. 简述自动平衡记录仪(XW 系列)的测温原理?

23. 热电偶产生热电势必须具备哪两个条件?

24. 玻璃液体温度计的测温原理是什么?

25. 简述自动平衡记录仪(XW 系列)在安装使用时应注意哪些事项?

26. 简述关于热电偶测温的中间温度定律。

27. 有两只电容器 $C_1 = 4~\mu F, C_2 = 8~\mu F$,试求并联和串联时的总电容是多少?

28. 有一个 110V,100W 的灯泡接在 220V 的电压上,问:应串联多大的电阻能使灯泡正常发光?

29. 设有一电路,其中负载电阻 $R = 2~\Omega$,电源内阻 $\gamma_0 = 0.5~\Omega$,电路中电流 $I = 0.6~A$,求电源的电动势。

30. 有一电炉接在 120 V 的电路上,通过电炉炉丝的电流为 5 A,求电炉在 2 h 内消耗的热能是多少度。

31. 什么是强制检定?

32. 将下列数据作整为 4 位有效数字:3.141 59;14.005;100 050 1;0.023 151。

33. 试述数据修约规则的内容。

34. 试述数字式温度指示调节仪有哪些特点?

35. 某 0.5 级自动平衡记录仪,分度号为 K,对 400 ℃点检定时,上行程标准器示值为 16.447mV、16.437mV、16.459 mV;下行程标准器为 16.367 mV、16.361 mV、16.371 mV。在 400 ℃点测得上、下切换值分别为 16.367 mV、16.397 mV。(仪表 400 ℃点刻度线的标称电量值为 16.397 mV)求此仪表 400 ℃点的指示基本误差是多少? 回程误差是多少? 设定点误差是多少?

热工计量工(初级工)答案

一、填空题

1. T	2. 开尔文	3. t	4. 摄氏度
5. 90	6. 冷热	7. 测量	8. 约定符号
9. 定性区别	10. 米	11. 一组操作	12. 法律关系
13. 申请检定	14. 真值	15. 真值	16. 能力
17. 一致性	18. 自愿溯源	19. 停止生产	20. 统一监督管理
21. 法定计量检定机构		22. 与其主管部门同级	
23. 资源	24. 绝对误差	25. 注销	26. 非国际单位制
27. m	28. 热胀冷缩	29. 二	30. 实际
31. 25	32. 二	33. 0.02	34. 0.05
35. 0.02	36. 0	37. −2.3	38. K
39. 铠装	40. 表面热电偶	41. 修正值	42. 实际
43. 1.5	44. 20	45. 垂直	46. 温包
47. 300	48. 补偿导线	49. 标尺	50. 融点
51. 沸点	52. 温度	53. ±5	54. 20±5
55. ±1.0%	56. 50%	57. 5	58. 50%
59. 25	60. 20	61. 实际	62. 修正值
63. 20±5	64. 5	65. 三	66. 50%
67. 温度	68. 二	69. 满度	70. 80%
71. 实际	72. −0.3℃	73. 延长	74. 气孔
75. 温度	76. 绝缘管	77. 25	78. 0.20
79. 四	80. 实际	81. 十	82. 水
83. 油	84. 磁路	85. K	86. 放大器
87. 可逆	88. 补偿	89. E	90. 0.1 mV
91. 补偿	92. 四	93. 2.5	94. 50
95. 电流	96. 单向	97. 整流	98. 减小
99. 绝缘电阻	100. 三	101. 磁电	102. 双极
103. 充液体式	104. 15	105. 二极	106. 变压器
107. 正	108. 三线	109. 增大	110. S
111. 纵向	112. 电压(或交流电压)		113. 点焊
114. 标准	115. 负	116. 0	117. 96
118. 4(或四)	119. 5	120. 0.2	121. 十

122. 四(或 4)　　　123. 十　　　　　124. 三(或 3)　　　125. 三(或 3)
126. 印章　　　　　127. 检定规程　　128. 实际值　　　　129. B
130. 3　　　　　　　131. 示值　　　　132. 半　　　　　　133. 1
134. 半年　　　　　135.1 年　　　　　136. 十　　　　　　137. 十
138. 劣化　　　　　139. 四　　　　　140. 1 年　　　　　141. 记录质量
142. 抽检　　　　　143. 绝缘强度　　144. 吸引　　　　　145. 正
146. 面接触　　　　147. 集电结　　　148. 角频率　　　　149. 电
150. 高电位　　　　151. 200　　　　152. 棒式　　　　　153. 有机液体
154. 全浸式

二、单项选择题

1. B　　2. D　　3. A　　4. C　　5. A　　6. B　　7. D　　8. D　　9. C
10. B　　11. C　　12. D　　13. D　　14. C　　15. D　　16. B　　17. D　　18. B
19. C　　20. D　　21. B　　22. B　　23. D　　24. D　　25. C　　26. D　　27. A
28. D　　29. B　　30. B　　31. A　　32. C　　33. C　　34. B　　35. B　　36. C
37. B　　38. A　　39. C　　40. D　　41. B　　42. B　　43. A　　44. D　　45. A
46. B　　47. B　　48. C　　49. A　　50. A　　51. B　　52. D　　53. A　　54. B
55. B　　56. D　　57. C　　58. C　　59. B　　60. C　　61. D　　62. C　　63. A
64. B　　65. B　　66. B　　67. B　　68. A　　69. B　　70. D　　71. B　　72. A
73. B　　74. A　　75. D　　76. B　　77. C　　78. A　　79. A　　80. A　　81. C
82. B　　83. B　　84. A　　85. C　　86. D　　87. A　　88. B　　89. C　　90. D
91. A　　92. D　　93. C　　94. B　　95. D　　96. D　　97. B　　98. C　　99. D
100. A　　101. B　　102. D　　103. B　　104. A　　105. C　　106. A　　107. B　　108. A
109. C　　110. B　　111. A　　112. C　　113. D　　114. A　　115. B　　116. A　　117. D
118. B　　119. A　　120. C　　121. A　　122. A　　123. B　　124. A　　125. C　　126. B
127. A　　128. C　　129. B　　130. A　　131. B　　132. A　　133. B　　134. A　　135. C
136. A　　137. A　　138. B　　139. B　　140. B　　141. C　　142. A　　143. A　　144. D
145. B　　146. C　　147. A　　148. A　　149. B　　150. C　　151. A　　152. C　　153. A
154. B　　155. B

三、多项选择题

1. AB　　2. AC　　3. BCD　　4. ACD　　5. ABC　　6. AB　　7. ACD
8. BCD　　9. ABCD　　10. BCD　　11. ABCD　　12. ABCD　　13. BCD　　14. BCD
15. BCD　　16. ABCD　　17. ABCD　　18. ABC　　19. ABC　　20. AB　　21. ABC
22. BCD　　23. ABC　　24. BC　　25. AD　　26. AD　　27. ABD　　28. ABC
29. ABC　　30. ACD　　31. BCD　　32. AB　　33. BCD　　34. ABCD　　35. ABC
36. ABCD　　37. ABCD　　38. BC　　39. AB　　40. ABCD　　41. ABCD　　42. ABC
43. ABCD　　44. AB　　45. ABC　　46. AC　　47. ACD　　48. ABC　　49. BCD
50. AB　　51. ABC　　52. ABD　　53. ABCD　　54. BC　　55. AB　　56. BC

57. BCD　　58. BCD　　59. ABCD　　60. BCD　　61. ABCD　　62. AB　　63. ABC

64. BC　　65. ACD　　66. ABC　　67. ABC　　68. ABCD　　69. ABCD　　70. ABCD

71. ABCD　　72. ABCD　　73. ABC　　74. AB　　75. AC　　76. AC　　77. BCD

78. ABCD　　79. ABC　　80. ABCD　　81. BCD　　82. ABC　　83. BCD　　84. ABCD

85. ABCD　　86. BCD　　87. AB　　88. ABD　　89. AB　　90. ABC

四、判 断 题

1. √　　2. √　　3. ×　　4. √　　5. √　　6. √　　7. √　　8. √　　9. ×

10. ×　　11. √　　12. ×　　13. √　　14. √　　15. √　　16. ×　　17. √　　18. ×

19. ×　　20. √　　21. ×　　22. ×　　23. √　　24. ×　　25. √　　26. √　　27. ×

28. ×　　29. √　　30. ×　　31. ×　　32. ×　　33. ×　　34. ×　　35. ×　　36. √

37. √　　38. ×　　39. √　　40. √　　41. √　　42. ×　　43. √　　44. ×　　45. ×

46. ×　　47. √　　48. √　　49. √　　50. √　　51. √　　52. ×　　53. ×　　54. ×

55. √　　56. ×　　57. √　　58. √　　59. ×　　60. √　　61. √　　62. ×　　63. √

64. ×　　65. √　　66. ×　　67. ×　　68. ×　　69. ×　　70. ×　　71. √　　72. √

73. √　　74. ×　　75. √　　76. ×　　77. √　　78. √　　79. √　　80. √　　81. √

82. ×　　83. ×　　84. ×　　85. √　　86. √　　87. √　　88. √　　89. √　　90. √

91. √　　92. √　　93. √　　94. ×　　95. ×　　96. √　　97. √　　98. √　　99. ×

100. √　　101. ×　　102. √　　103. √　　104. √　　105. ×　　106. √　　107. ×　　108. √

109. ×　　110. √　　111. √　　112. √　　113. ×　　114. ×　　115. √　　116. √　　117. √

118. √　　119. √　　120. √　　121. √　　122. √　　123. √　　124. √　　125. √　　126. ×

127. ×　　128. √　　129. √　　130. ×　　131. √　　132. ×　　133. √　　134. ×　　135. √

136. ×　　137. ×　　138. √　　139. √　　140. √　　141. ×　　142. ×　　143. √　　144. ×

145. √　　146. ×　　147. √　　148. √　　149. √　　150. √　　151. ×　　152. ×　　153. ×

154. √

五、简 答 题

1. 答:温度是表征物体冷热程度的物理量,微观含义是物体内分子热运动程度的反应(5分)。

2. 答:用数值表示温度的方法称为温度标尺,简称温标(5分)。

3. 答:当物体吸收的热量等于放出的热量,物体各部分都具有相同的温度,物体呈热平衡(2分);多个物体通过相互热量交换,彼此都具有相同的温度,物体呈热平衡(2分)。

4. 答:我国现行的温标是 1990 年国际温标,简称 ITS-90(5分)。

5. 答:在标准大气压下,冰的融点定为 0 ℃(5分)。

6. 答:在标准大气压下,水的沸点定义为 100 ℃(5分)。

7. 答:热力学温标的理论基础是热力学第二定律(5分)。

8. 答:国家有计划地发展计量事业,用现代计量技术、装备各级计量检定机构,为社会主义现代化建设服务,为工农业生产、国防建设、科学实验、国内外贸易以及人民健康、安全提供计量保证(5分)。

9. 答:(1)3.14(2分);(2)2.72(2分);(3)4.16(1分)。

10. 答案:就在从设备、环境、方法、人员和测量对象几个方面考虑(5分)。

11. 答:玻璃液体温度计是依据物质的热胀冷缩原理测温的(5分)。

12. 答:可分类为棒式、内标式、外标式三种(5分)。

13. 答:环境温度规定为 25 ℃,未达到 25 ℃应修正(5分)。

14. 答:普通温度计读数两次(5分)。

15. 答:压力式温度计主要由感温包(2分)、毛细管(2分)、盘簧管组成(1分)。

16. 答:普通热电偶主要由热电极丝(2分),绝缘管(2分),保护管组成(1分)。

17. 答:测量范围的上、下限之差的模称为量程(5分)。

18. 答:计量器具的检定是指为评定计量器具的计量特性,确定具是否符合法定要求的全部操作(5分)。

19. 答:应采用补偿导线法检定(5分)。

20. 答:XW 系列自动平衡记录仪是采用电压补偿法(电压平衡法)来测电动势的(5分)。

21. 答:作用是将直流信号变换成交流信号(5分)。

22. 答:检定计量器具时,必须遵守的法定技术文件(5分)。

23. 答:计量器具相邻两次周期检定间的时间间隔(5分)。

24. 答:通过连续的比较链,使测量结果与国家计量基准或国际计量基准联系起来的特性(5分)。

25. 答:测量结果减去被测量的真值叫测量误差(5分)。

26. 答:由测量所得的赋予被测量的值叫测量结果(5分)。

27. 答:用代数法与未修正测量结果相加,以补偿其系统误差的值叫修正值(5分)。

28. 答:测量机构由动圈和指针(2分)、支承系统(2分)、磁路系统组成(1分)。

29. 答:(1)仪表经长时间工作,其滑线电阻丝表面会积有污垢,或形成氧化物,这样会影响仪表的精度和正常工作,因此,要定期加以清洗(2分);

(2)清洗时,可用纱布蘸适量蒸发液体(如酒精、汽油)沿滑线电阻反复清洗,再取下银滚子清洗,清洗一下,最后安装好(3分)。

30. 答:双极法就是将标准和被检热电偶捆扎于一起放入检定炉内。用电测仪器分别测出标准和被测热电偶的热电势,以确定被检热电偶的偏差(5分)。

31. 答:延长型补偿导线起到延长热电极的作用,使热电偶参考端温度较恒定(5分)。

32. 答:点温计是根据热敏电阻阻值随温度而变化的特性来测温的(5分)。

33. 答:张丝的作用是产生反作用力矩、支承作用和导电作用(5分)。

34. 答:当热电偶断路时,仪表指针偏向最大值(5分)。

35. 答:检定结果通知书是证明计量器经过检定不合格的文件(5分)。

36. 答:检定标记是指加在计量器具上证明该计量器具已进行过检定的标(5分)。

37. 答:在规定条件下,为确定计量器具示值误差的一组操作,叫校准(5分)。

38. 答:可单独地或与辅助设备一起,用以直接或间接确定被测对象量值的器具或装置叫计量器具(5分)。

39. 答:直接作用于被测量,并能按一定规律将其转换成同种或别种量值的输出器件叫传感器(5分)。

40. 答：按国家计量检定系统表规定的准确度等级，用于检定较低等级计量标准或计量器具的计量器具叫计量标准(5分)。

41. 答：在同一被测量的多次测量中，保持恒定或以可预知方式变化的测量误差分量叫系统误差(5分)。

42. 答：量值传递是指通过对计量器具的检定和校准，将国家基准所复现的计量单位量值通过各级计量标准传递到工作计量器具，以保证被测对象量值的准确和一致(5分)。

43. 答：XWG—101中第一个"1"代表单指针、单笔(5分)。

44. 答：应注意以下5方面：

(1)安装地点干燥、无强电磁场(1分)；

(2)环境温度不宜过高(1分)；

(3)仪表应水平放置(1分)；

(4)热电偶、补偿导线，仪表分度号应匹配(1分)；

(5)外路电阻应符合规定数值(1分)。

45. 答：由不同材料组成的热电偶回路中，当各种材料接触点温度都相同时，则回路中热电势总和等于零(5分)。

46. 答：必须字迹清楚，数据无误(2分)，有检定、核验、主管人员签字(2分)，并加盖检定单位印章(1分)。

47. 答：由国家以法令形式规定强制使用或允许使用的单位(5分)。

48. 答：(1)正确使用计量标准并负责维护、保养、使其保持良好状态(1分)。

(2)执行计量技术法规，进行计量工作(1分)。

(3)保证原始数据，有关资料完整(1分)。

(4)承办政府委托的任务(2分)。

49. 答：使用油槽检定(5分)。

50. 答：环境温度规定为 25℃(2分)。温度计应按浸没标志要求插入恒温槽中(3分)。

51. 答：读数要估读到分度值的十分之一(5分)。

52. 答：温度的测量方法有接触法和非接触法两种(5分)。

53. 答：应注意以下几项：

(1)感温元件应和被测物有良好的热接触(1分)。

(2)感温元件热容量要尽量小(1分)。

(3)感温元件在被测物中有一定的插入深度(1分)。

(4)感温元件不能被介质腐蚀(1分)。

(5)测量变化温度时，应用滞后时间小的感温元件(1分)。

54. 答：一个被测量的 n 个测量值的代数和除以 n 而得的商叫算术平均值(5分)。

55. 答：(1)要求测量端焊接要牢固(1分)；(2)呈球状(1分)；(3)表面光滑(1分)；(4)无气孔(1分)；(5)无夹渣(1分)。

56. 答：把仪表信号输入端"＋、—"短接，配热电偶仪表指针应指向室温，说明仪表基本正常。故障在仪表外部；反之，说明故障在仪表内部(5分)。

57. 答：检定系统表是国家对计量基准到各等级计量标准直至工作计量器具的检定主从关系所作的技术规定(5分)。

58. 答:包括三个方面:

(1)社会公用计量标准(2分);

(2)部门企事业单位的最高计量标准(2分);

(3)用于贸易结算、安全防护、医疗卫生、环境监测并列入国家强检目录的(1分)。

59. 答:在标准大气压下,规定冰的融点为 32 ℉(2分),水的沸点为 212 ℉(2分),中间分 180 等分,每一等分为一华氏度(1分),这种温标叫华氏温标。

60. 答:热力学温标规定,物质的分子运动停止时的温度为绝对零度(2分)。水的三相点温度为 273.16K(3分)。

61. 答:实现单位统一和量值准确可靠的测量(5分)。

62. 答:有关测量知识领域的一门学科(5分)。

63. 答:对于给定的目地而言,被认为充分接近真值,可用以替代真值的量值(5分)。

64. 答:国际单位制规定长度、质量、时间、温度、电流、发光强度和物质的量为基本量(5分)。

65. 答:以确定被测对象量值为目的全部操作叫测量(5分)。

66. 答:国家为统一计量单位制度,保证量值准确可靠,实施计量监督管理而制定的法律法规的总合即是计量法(5分)。

67. 答:热辐射是指能量从受热物体表面连续发射,并以电磁波的形式表示出来(3分)。特点:(1)热辐射可以在真空中进行(1分);

(2)热辐射不仅产生能量转移,还伴随能量形式的转换(1分)。

68. 答:必须具备如下两个条件:

(1)热电偶必须由两种不同材料的热电极组成(2分)。

(2)热电偶测量端和参考端必须具不同的温度(3分)。

69. 答:(1)在仪表两输入端之间出现的交流信号干扰称为横向干扰(2分);

(2)在仪表的任一输入端与地之间产生的交流干扰信号称为纵向干扰(3分)。

70. 答:(1)感温元件应和被测物应有良好的热接触(1分);

(2)感温元件热容量应尽量小(1分);

(3)感温元件在被测物中应有一定的插入深度(1分);

(4)感温元件不能被介质腐蚀(1分);

(5)测量变化温度时,应采用滞后时间小的感温元件(1分)。

六、综 合 题

1. 答:允许值＝±(33.275−0)×1.0＝±0.333(mV)

评分标准:满分 10 分,结果正确给 10 分。

2. 答:回程误差＝│16.261−16.231│＝0.030(mV)

评分标准:满分 10 分,结果正确给 10 分。

3. 答:设定点偏差＝(8.102+8.096)/2−(8.112+8.124)/2＝0.038(mV)。

评分标准:满分 10 分,结果正确给 10 分。

4. 答:基本误差＝16.395−(16.355+16.375)/2＝0.032(mV)。

评分标准:满分 10 分,结果正确给 10 分。

5. 答:设定点误差$=(16.357+16.377)/2-16.397=-0.03$(mV)。

评分标准:满分 10 分,结果正确给 10 分。

6. 答:点温计修正值$=60.1+0.1-60.6=-0.4$(℃)。

评分标准:满分 10 分,结果正确给 10 分。

7. 答:热力学温度 $T=t+273.15=310.15$ K(5 分)。

华氏温度 $F=1.8\times37+32=98.6$(℉)(5 分)。

8. 答:热电偶热电势的大小与其冷端的温度有关(5 分)。热电偶的热电势是在冷端温度为 0℃ 时分度的,在实际工作中,热电偶冷端常常不为 0℃,势必引起测量误差,为了消除这种误差,必须进行冷端温度补偿(5 分)。

9. 答:修正值$=50.1+(-0.1)-50.6=-0.6$ ℃。

评分标准:满分 10 分,结果正确给 10 分。

10. 答:修正值$=100.2+0.2-100.8=-0.4$(℃)。

评分标准:满分 10 分,结果正确给 10 分。

11. 答:动作误差$=100.8-100=0.8$ ℃。

评分标准:满分 10 分,结果正确给 10 分。

12. 答:动圈式温度仪表的测量机构是磁电式表头(2 分)。动圈处于永久磁铁产生的磁场中,测量电路所产生的毫伏电压在动圈中产生一个相应的电流(2 分),该载流线圈受磁场作用而转动(2 分),支承动圈的张丝由于扭动产生反力矩与动圈的转动力矩相平衡(2 分),此时,动圈的转角与输入的毫伏信号一一对应,指针即在刻度尺上指示出相应的温度(2 分)。

13. 答:基本误差$=60.6-(59.8+0.1)=0.7$ ℃。

评分标准:满分 10 分,结果正确给 10 分。

14. 答:压力式温度计主要由温包(2 分)、毛细管(2 分)、盘簧管(2 分)三部分组成。

测温时,温包置于被测介质中,感受温度后,温包将温度变化变成内部分介质的压力变化(2 分),经毛细管传给盘簧管,使其产生一定形变,最后由传动机构指示温度(2 分)。

15. 答:断开电桥输出端,将放大器输入端接入直流电位差计,分别给放大器输入正、反电势(5 分),此时,可逆电机随着输入电势改变正、反旋转方向,说明放大器正常,否则放大器不正常(5 分)。

16. 答:自动平衡记录仪主要由测量桥路(2 分)、放大器(2 分)、可逆电机(2 分)、指出记录机构(2 分)和调节机(2 分)构组成。

17. 答:均质导体定律:由一种均质导体组成的闭合回路,不论导体的截面和各处温度分布如何,都不能产生热电势(5 分)。

中间导体定律:由不同材料组成的热电偶回路中,当各种材料的接触点温度都相同时,则回路中热电势总合等于零(5 分)。

18. 答:炉温 600 ℃ $+40$ ℃$=640$ ℃。

评分标准:满分 10 分,结果正确给 10 分。

19. 答:平均值:$X=(100.1+100.2+100.4+100.6)/4$

　　　　　$=100.3$(Ω)(5 分)

测量误差:$P=100.1-100.3$

　　　　　$=-0.2$(Ω)(5 分)

20. 答：设总电阻为 R，则

$R=(10\times20)/(10+20)=6.7(\Omega)$

R_1 中的电流：$I=1.3(A)$

评分标准：满分 10 分，结果正确给 10 分。

21. 答：在一个标准大气压下（2 分），冰的融点定为零度（2 分），水的沸点定为 100 度（2 分），在零度和 100 度之间划分 100 等分，每一等分为一摄氏度（4 分），符号℃，这种度量温度的标尺叫摄氏温标。

22. 答：自动平衡记录仪采用电压补偿法测量直流电动势（2 分）。当被测直流电势加入测量桥路时，和测量桥路两端输出直流电压相比较，比较后的差值电压（不平衡电压）（2 分）。经放大器放大后，驱动可逆电机转动（2 分）。可逆电机带动指示机构，同时改变测量桥路的滑线电阻值（2 分）。直至测量桥路平衡，不平衡电压为零，放大器无输出，可逆电机停转，与滑线电阻相连接的指针指示出相应的温度（2 分）。

23. 答：热电偶产生热电势必须具备：

(1) 热电偶必须由两种不同材料的热电极构成（5 分）。

(2) 热电偶的测量端和参考端必须有不同的温度（5 分）。

24. 答：玻璃液体温度计是利用其感温包内测温物质的（如水银）热胀冷缩特性来测温的。（10 分）

25. 答：注意事项有：

(1) 仪表周围不应有强磁场（2 分）。

(2) 仪表工作的环境温度应在 $0\sim50℃$ 内（2 分）。

(3) 热电偶的分度号应与仪表一致（3 分）。

(4) 补偿导线的型号应与热电偶配套（3 分）。

26. 答：在热电偶回路中，接点温度为 t_1、t_3 的热电偶，它的热电势等于接点温度分别是 t_1、t_2 和 t_2、t_3 的两支同性质热电势的代数和（10 分）。

27. 答：并联时总电容：$C=8+4=12(\Omega)$（5 分）。

串联时总电容：$C_3=(8\times4)/(8+4)=2.7(\Omega)$（5 分）。

28. 答：灯泡的电阻 $R=110\times110/100=121(\Omega)$

所以，应串联 121 Ω 电阻能使灯泡正常发光。

评分标准：满分 10 分，结果正确给 10 分。

29. 答：负载上的电压 $U=IR=1.2\ V$（3 分）。

电源内部电压降 $U_0=I\gamma_0=0.3\ V$（3 分）。

电源的电动势 $E=U+U_0=1.5\ V$（4 分）。

30. 答：消耗的热能：$W=UIT=(120\times5\times2)/1\ 000$

$=1.2$（度）

评分标准：满分 10 分，结果正确给 10 分。

31. 答：由政府计量行政主管部门所属的法定计量检定机构或授权的计量检定机构，对社会公用计量标准、部门或企事业单位使用的最高计量标准（5 分）。用于贸易结算、安全防护、医疗卫生、环境监测四个方面列入国家强检目录的工作计量器具，实行定点定期的一种检定叫强制检定（5 分）。

32. 答:3.142(2分),14.00(2分),1.001×10⁶(2分);0.023 15(4分)。

33. 答:(1)若舍去部分数值大于0.5,则末位加1(3分)。

(2)若舍去部分数值小于0.5,则末位不变(3分)。

(3)若舍去部分数值等于0.5,则当末位为偶数时末位不变末位为奇数时则末位加1(4分)。

34. 答:数字表有如下特点:

(1)测量准确度高(2分)。

(2)稳定性好、寿命长(2分)。

(3)数字显示,直观明了,读数方便,无视差(2分)。

(4)输入阻抗高(2分)。

(5)仪表可采用模块化;维修方便,配接灵活(2分)。

35. 答:(1)仪表指示基本误差:16.397−16.459=−0.062(mV)(3分)。

(2)仪表的回程误差:0.081(mV)(3分)。

(3)仪表的设定点偏差:(16.367+16.397)/2−16.397=−0.015(mV)(4分)。

热工计量工(中级工)习题

一、填空题

1. 计量的本质特征就是（　　　）。
2. 单独地或连同（　　　）一起用以进行测量的器具称为测量仪器。
3. 准确度等级是指符合一定的计量要求，使误差保持在（　　　）以内的测量仪器的等别、级别。
4. 测量范围是指测量仪器的误差处在规定极限内的一组（　　　）的值。
5. 稳定性是测量仪器保持其计量特性随时间恒定的（　　　）。
6. 分辨力是指显示装置能有效辨别的（　　　）示值差。
7. 测量结果是指由测量所得到的赋予（　　　）的值。
8. 影响量是指不是被测量但对（　　　）有影响的量。
9. 测量准确度是测量结果与被测量（　　　）之间的一致程度。
10. 重复性是指在相同测量条件下，对同一被测量进行（　　　）测量所得结果　之间的一致性。
11. 复现性是指在改变了的测量条件下，同一被测量（　　　）的一致性。
12. 为评定计量器具的计量性能，确认其是否合格所进行的（　　　），称为计量检定。
13. 计量检定的目的是确保（　　　），确保量值的溯源性。
14. 测量不确定度是表征合理赋予被测量之值的（　　　），与测量结果相联系的参数。
15. 量是现象、物体或物质可定性区别和（　　　）的属性。
16. 一般由一个数乘以（　　　）所表示特定量的大小称为量值。
17. 溯源性是指通过一条具有规定不确定度的不间断的（　　　），使测量结果或测量标准的值能够与规定的参考标准，通常是与国家测量标准或国际测量标准联系起来的特性。
18. 计量器具的检定是指为（　　　）计量器具是否符合法定要求的程序，它包括检查、加标记和(或)出具检定证书。
19. 周期检定是按（　　　）和规定程序，对计量器具定期进行的一种后续检定。
20. 检定证书是证明计量器具已经检定，并获（　　　）的文件。
21. 校准不具法制性，是企业（　　　）的行为。
22. 校准主要用以确定测量器具的（　　　）。
23. 我国《计量法》规定，属于强制检定范围的计量器具，未按照规定（　　　）或者检定不合格继续使用的，责令停止使用，可以并处罚款。
24. 强制检定的（　　　）和强制检定的工作计量器具，统称为强制检定的计量器具。
25. 进口计量器具必须经（　　　）人民政府计量行政部门检定合格后，方可销售。
26. 我国对制造、修理计量器具实行（　　　）。

27. 我国《计量法》规定,个体工商户可以制造、修理(　　　)计量器具。

28.《计量法》是调整计量(　　　)的法律规范的总称。

29.《计量法》是国家管理计量工作,实施计量法制监督的(　　　)。

30. 国务院计量行政部门对全国计量工作实施(　　　)。

31. 计量检定机构可以分为(　　　)计量检定机构和一般计量检定机构两种。

32. 我国《计量法》规定,国务院计量行政部门负责建立各种(　　　)器具,作为统一全国量值的最高依据。

33. 对社会上实施计量监督具有公证作用的计量标准是社会公用(　　　)。

34. 企业、事业单位建立的各项最高计量标准由与其主管部门同级的人民政府计量行政部门(　　　)后使用。

35. 计量检定人员是指经考核合格,持有(　　　),从事计量检定工作的人员。

36. 计量检定人员出具的检定数据,用于量值传递、计量认证、技术考核、裁决计量纠纷和实施计量监督具有(　　　)。

37. 计量检定印包括:錾印、喷印、钳印、漆封印和(　　　)印。

38. 部门和企业、事业单位的各项最高计量标准,未经有关人民政府计量行政部门考核合格而开展计量检定的,责令其停止使用,可并处(　　　)以下的罚款。

39. 中华人民共和国法定计量单位是以(　　　)单位为基础,同时选用了一些非国际单位制的单位构成的。

40. 法定计量单位就是由国家以(　　　)形式规定强制使用或允许使用的计量单位。

41. 国际单位制是在米制基础上发展起来的单位制。其国际简称为(　　　)。

42. 国际单位制的基本单位名称有米、千克、(　　　)、安培、开尔文、摩尔、坎德拉。

43. 国际单位制的基本单位单位符号是:m、(　　　)、s、A、K、mol、cd。

44. 在国家选定的非国际单位制中,级差的计量单位名称是分贝,计量单位的符号是(　　　)。

45. 不属于给定单位制的(　　　),称为制外计量单位。

46. 误差的两种基本表现形式是(　　　)和相对误差。

47. 误差按其来源可分为:设备误差、环境误差、人员误差、(　　　)、测量误差。

48. 测量误差除以被测量的(　　　)称为相对误差。

49. 在重复性条件下,对同一被测量进行(　　　)测量所得结果的平均值与被测量的真值之差称为系统误差。

50. 测量仪器的引用误差是测量仪器的误差除以仪器的(　　　)。

51. 习惯上规定的正电荷的定向运动方向作为(　　　)流动的方向。

52. 电路一般由电源、(　　　)、连接导线和控制设备四部分构成。

53. 稳压管工作在(　　　)的情况下,管子两端才能保持稳定电压。

54. 正弦交流电的三要素是幅度最大值、频率和(　　　)。

55. 触发电路必须具备同步电压形成、(　　　)脉冲形成和输出三个基本环节。

56. 基本逻辑门电路有与门、或门和(　　　)。

57. 模—数转换器简称(　　　)转换器,是将连续变化的模拟量转换成与其成比例的继续变化的数字量。

58. 电流以对人体的伤害分为热性质的伤害、化学性质的伤害和（　　）的伤害。

59. 电击是电流通过人体内部直接造成对内部组织的伤害,它是危险的（　　）伤害。

60. 凡在离地面（　　）米以上的地点进行工作,均视为高处作业。

61. 热工仪表检修人员下现场工作,必须按规定穿戴好（　　）。

62. 所谓安全电压是为防止触电事故而采用的由特殊电源供电的（　　）。

63. 温度是表征物体（　　）的物理量。

64. 温度是反映分子无规则（　　）的激烈程度。

65. 国际上公认的最准确的温度是（　　）。

66. 温度定义的基础是根据热力学中的（　　）现象。

67. 处于同一（　　）的物体具有相同的温度。

68. 热力学第零定律指出:如果两个系统中每一个系统都与第三个系统处于平衡,则它们彼此也必定处于（　　）。

69. 两个受热状态不同的物体,它们只能被标志成温度的高低不同,而不能说某物体的温度是另一物体温度的几倍,所以温度的数值是（　　）的,否则毫无意义。

70. 两个物体分别和第三个物体处于相同的热平衡状态,则将这两个物体互相接触时也必然处于同样的（　　）状态。

71. 热交换的三种基本方式是传导、（　　）和辐射。

72. 为了定量表示物体的冷热程度,用数值表示温度的方法称为温度标尺,简称（　　）。

73. 由特定测温值、特定测温量所确定的温标称为（　　）。

74. 以热力学第二定律为基础的温标称为（　　）温标。

75. 国际温标是根据现代科学技术水平,最大限度地接近热力学温标的一种（　　）温标。

76. 目前我国温标采用的是（　　）。

77. 热力学温标一般是采用（　　）来实现的。

78. 热力学温标所确定的温度数值称为热力学温度,亦称（　　）。

79. 热力学温度单位是开尔文,符号是（　　）。

80. 1 开尔文是水三相点热力学温度的（　　）。

81. 水三相点是指在一个密闭的压力约为 610.6 Pa 的容器内,冰与水饱和蒸汽三相之间的（　　）。

82. 水三相点的温度为 0.01 ℃或（　　）K。

83. 水三相点的温度为水的液态、（　　）和气态三相共存平衡的温度。

84. 水三相点温度,用摄氏温度表示为（　　）。

85. 热力学温度的起点是（　　）。

86. 摄氏温度的起点是（　　）。

87. 摄氏温度的单位符号为（　　）。

88. 摄氏温度的单位为（　　）,符号为℃。

89. 水沸点的温度指定值用摄氏温度表示为 100 ℃,用开尔文温度表示为（　　）。

90. 摄氏温度 t 与热力学温度 T 的关系式为 $t = T -$（　　）。

91. 摄氏温度的单位为摄氏度(℃),它的大小等于（　　）。

92. 玻璃液体温度计的工作原理是基于液体在透明玻璃外壳中的（　　）作用。

93. 玻璃液体温度计按基本结构型式不同,可分为( )、内标式和外标式三种。

94. 玻璃液体温度计按温度计填充液体的不同,一般可分为水银温度计和( )温度计。

95. 玻璃液体温度计按使用时浸没的方式不同可分为( )和局浸式两类。

96. 玻璃液体温度计按使用对象不同可分为标准玻璃液体温度计和( )用玻璃液体温度计。

97. 测量微小温差的温度计称为( )温度计。

98. 在示值检定中,温度计插入槽内要垂直,标准器和被检温度计露出液柱度数不得大于( )分度值。

99. 在示值检定时,温度计插入槽内必须经过 15 分钟方可读数,一个检定点读数完毕,槽温升高不得超过( )。

100. 在检定玻璃液体温度计时,温度计的示值要用( )读取,读数前要调节好它的水平位置。

101. 双金属温度计与工业玻璃液体温度计相比较,具有( )、使用保养方便、坚固和耐振等优点。

102. 双金属温度计的指针应深入到最小分度线的( )以内。

103. 双金属温度计重复性检定只对( )抽样进行。

104. 双金属温度计抗震性能检查只对出厂产品( )抽样进行。

105. 使用双金属温度计时,保护管长度在 300 mm 以下的温度计,浸入被测介质的深度应不小于( )mm。

106. 使用双金属温度计时,保护管长度在 300 mm 以上的温度计,浸入被测介的深度应不小于( )mm。

107. 压力式温度计多用于固定的工业生产设备中,具有防爆、能远距离测温、读数清晰和使用方便等优点,测温范围为 −100 ℃～( )℃。

108. 压力式温度计它的测温系统是一个由温包、连接毛细管和( )组成的。

109. 压力式温度计的温包与玻璃液体温度计的感温包作用相似,所以必须将温包( )到被测介质中。

110. 使用压力式温度计时,弹簧管和毛细管所处的环境温度的变化对温度计示值产生影响最大的是( )压力温度计。

111. 蒸气压力式温度计其准确度等级是指标尺( )部分。

112. 蒸气压力式温度计标尺前 1/3 部分的准确度等级允许降低( )等级。

113. 工业热电阻感温元件的结构形成一般分为棒状和( )两种。

114. 半导体热敏电阻是一种对温度变化极为敏感的半导体电阻元件,其阻值和温度的对应关系是( )的。

115. 标准铂电阻温度计一般有三种,即:中温标准铂电阻温度计、高温标准铂电阻温度计和( )标准铂电阻温度计。

116. 测量热电阻在 100 ℃的电阻值时,水沸点槽或油恒温槽的温度偏离 100 ℃之值应不大于 2℃;温度变化每 10 min 应不超过( )℃。

117. 热电偶测温的原理是基于热电效应,而它所产生的热电动势大小,只取决于组成热电偶( )和两端温度,而与热电偶的长短和粗细没有关系。

118. 热电偶回路中的热电势与温度的关系称为热电偶的(　　　)。

119. 由于两种金属自由电子密度不同,而在其接触处形成的热电动势称为(　　　)。

120. 热电偶通过测定(　　　)来达到测量温度的目的。

121. 到目前为止,IEC 共推荐了(　　　)种标准化热电偶。

122. 热电偶品种很多,按照热电极材料来分,则有贵金属热电偶;廉金属热电偶;(　　　)金属混合式热电偶;难熔金属热电偶,非金属热电偶。

123. 热电偶的品种很多,按热电偶的结构类型可分为普通热电偶、(　　　)、薄膜热电偶及各种专用热电偶。

124. 关于热电偶测温回路的三个定律,即:均值导体定律、(　　　)定律、中间温度定律。

125. 铂铑$_{10}$—铂热电偶长期使用最高温度为(　　　)℃,短期使用最高温度为 1 600 ℃。

126. 铂铑$_{10}$—铂热电偶具有良好的抗氧化性能,可在氧化性、(　　　)及真空中使用。

127. 铂铑$_{30}$—铂铑$_6$热电偶可长期工作在 600～(　　　)℃,短期最高使用温度为 1 800 ℃。

128. 铂铑$_{30}$—铂铑$_6$热电偶与铂铑$_{10}$—铂热电偶相比,高温下热电特性(　　　)。

129. 连接导体定律为在工业测温中,应用补偿导线提供了(　　　)。

130. 中间温度定律为使用分度表奠定了(　　　)。

131. 补偿导线有正、负极之分,由于补偿导线极性接反所造成的误差约为不用补偿导线时的(　　　)倍。

132. 专用热电偶分为(　　　)、测熔融金属热电偶、测量气流温度的热电偶和多点热电偶。

133. 表面热电偶是用来测量各种状态的(　　　)温度的。

134. 为准确地测量实际温度,要对热电偶参考端温度进行补偿,常用的补偿方法有:冰点槽法、计算法、调零法、(　　　)法。

135. 工作用玻璃液体温度计检定规程适用于新制造和使用中的,测量范围为－100～＋600 ℃的工作用玻璃液体温度计的检定,不适用于(　　　)等专用温度计的检定。

136. 工作用玻璃液体温度计经稳定度试验后其零点位置的上升值不得超过分度值的(　　　)。200 ℃以上分度值为 0.1 ℃的温度计,其零点上升值不得超过一个分度值。

137. 检定工作用玻璃液体温度计用的恒温槽内工作区域是指标准温度计与被检温度计的感温泡所能触及的最大范围,最大温差是对不同深度(　　　)而言。

138. 检定压力式温度计所用的恒温槽内工作区域是指标准温度计与被检温度计的感温包所能触及的最大范围,最大温差是对任意两点而言,水平温差是对(　　　)的任意两点而言。

139. 在一定温度下,热电偶的热电特性随时间而发生变化的程度称为热电偶的(　　　)。

140. 常温下对于长度超过 1 m 的热电偶,它的常温绝缘电阻与其长度的乘积应不小于(　　　)。

141. 规程要求检定工作用热电偶应选用低电势直流电位差计,其准确度不低于 0.02 级,最小步进值不大于(　　　)或具有同等准确度的其他设备。

142. 热电偶的示值检定方法有定点法、空腔法和比较法,工业热电偶常采用(　　　)。

143. 工业热电偶常采用比较法进行检定,比较法分为同名极法、双极法和(　　　)法。

144. 工业热电偶常采用比较法进行检定,比较法分为(　　　)法、双极法和微差法。

145. 新制或使用中的热电偶必须进行退火,退火可以消除热电极中的内应力,改善金相组织,从而提高热电偶的(　　　)。

146. 对热电偶进行退火的方法有两种,即( )和炉中退火。

147. 热电偶的退火要严格按照规定的退火温度和时间进行操作是保证( )的重要因素。

148. 从一个辐射热源,没经过任何媒介物,又没有实际接触,就把热传递给另外一个物体,这种传热现象称为( )。

149. 在辐射测温学中,有三种视在温度,即亮度温度、辐射温度和( )温度。

150. 在辐射测温学中有三条基本黑体辐射定律,它们是( )定律,维恩位移定律和斯蒂芬—波尔兹曼全辐射定律。

151. 工业用光学高温计大致分两种,一种是隐丝式光学高温计,另一种是( )光学高温计。

152. 光学高温计所测量的温度称为亮度温度,当被测对象为非黑体时,要通过( )才能求得真实温度。

153. 亮度测温法的测温原理是基于( )辐射定律。

154. 用光学高温计测得被测物体的辐亮度温度后,求真实温度的方法有三种,即:计算法、作图法和( )法。

155. 热辐射温度计是以物体的辐射强度与温度成一定的( )关系为基础的。

156. 凡是依据热辐射原理测量温度的仪表统称为( )温度计。

157. 辐射感温器是利用斯蒂芬—玻尔兹曼全辐射定律为( )的温度计。

158. 动圈式温度仪表实质上是一种( )直流电流表。

159. 动圈式温度仪表的测量机构由动圈、磁路系统、支承系统、串并联电路及( )装置等几部分组成。

160. 动圈式温度仪表的温度补偿方法有两种,即:热磁补偿和( )补偿。

161. 配热电阻的动圈仪表是利用( )把热电偶随温度的变化转换成电压的变化,然后通过动圈仪表进行指示温度的。

162. 配热电阻的动圈仪表的实际测量电路是由不平衡电桥、动圈式指示仪表、( )组成。

163. 热电阻接入测量桥路的方式常采用三线制,这种连接方法可以消除连接导线电阻对测量结果的影响,因此,在 XC 系列仪表中规定连接导线电阻为( )Ω。

164. 用配热电偶的动圈仪表测温时,从热电偶到动圈仪表之间的线路总电阻(外阻)规定为 15 Ω。为了保证测量精度,一般要求外阻的调整误差不超过( ),这样对测量结果影响很小,可忽略不计。

165. 具有断偶保护装置的动圈仪表,当热电偶断路时,指示指针指向超越( )刻度值位置。

二、单项选择题

1. 计量工作的基本任务是保证量值的准确、一致和测量器具的正确使用,确保国家计量法规和( )的贯彻实施。

(A)计量单位统一   (B)法定计量单位

(C)计量检定规程   (D)计量保证

2. 标准计量器具的准确度一般应为被检计量器具准确度的(　　)。

(A)1/2~1/5　　　　　(B)1/5~1/10　　　(C)1/3~1/10　　　(D)1/3~1/5

3. 与给定的特定量定义一致的值(　　)只有一个。

(A)不一定　　　　　(B)一定是　　　　(C)经确认　　　　　(D)不可能

4. 测量(计量)单位制是为给定量制按给定规则(　　)的一组基本单位和导出单位。

(A)法定　　　　　　(B)认定　　　　　(C)规定　　　　　　(D)确定

5. 不合格通知书是声明计量器具不符合有关(　　)的文件。

(A)检定规程　　　　(B)法定要求　　　(C)计量法规　　　　(D)技术标准

6. 计量器具在检定周期内抽检不合格的,(　　)。

(A)由检定单位出具检定结果通知书

(B)由检定单位出具测试结果通知书

(C)由检定单位出具计量器具封存单

(D)应注销原检定证书或检定合格证、印

7. 校准的依据是(　　)或校准方法。

(A)检定规程　　　　(B)技术标准　　　(C)工艺要求　　　　(D)校准规范

8. 属于强制检定工作计量器具的范围包括(　　)。

(A)用于重要场所方面的计量器具

(B)用于贸易结算、安全防护、医疗卫生、环境监测四方面的计量器具

(C)列入国家公布的强制检定目录的计量器具

(D)用于贸易结算、安全防护、医疗卫生、环境监测方面列入国家强制检定目录的工作计量器具

9. 进口计量器具必须经(　　)检定合格后,方可销售。

(A)省级以上人民政府计量行政部门　　　(B)县级以上人民政府计量行政部门

(C)国务院计量行政部门　　　　　　　　(D)当地国家税务部门

10. 个体工商户制造、修理计量器具的范围和管理办法由(　　)制定。

(A)国务院计量行政部门　　　　　　　　(B)国务院有关主管部门

(C)政府计量行政部门　　　　　　　　　(D)政府有关主管部门

11. 非法定计量检定机构的计量检定人员,由(　　)考核发证。

(A)国务院计量行政部门　　　　　　　　(B)省级以上人民政府计量行政部门

(C)县级以上人民政府计量行政部门　　　(D)其主管部门

12.(　　),第六届全国人大常委会第十二次会议讨论通过了《中华人民共和国计量法》,国家主席李先念同日发布命令正式公布,规定从 1986 年 7 月 1 日起 施行。

(A)1985 月 9 月 6 日　　　　　　　　　(B)1986 年 7 月 1 日

(C)1987 年 7 月 1 日　　　　　　　　　(D)1977 年 7 月 1 日

13. 未经(　　)批准,不得制造、销售和进口国务院规定废除的非法定计量单位的计量器具和国务院禁止使用的其他计量器具。

(A)省级以上人民政府计量行政部门　　　(B)县级以上人民政府计量行政部门

(C)国务院计量行政部门　　　　　　　　(D)有关人民政府计量行政部门

14. 为社会提供公证数据的产品质量检验机构,必须经(　　)对其计量检定、测试能力和

可靠性考核合格。

（A）国务院计量行政部门 （B）有关人民政府计量行政部门

（C）省级以上人民政府计量行政部门 （D）县级以上人民政府计量行政部门

15. 我国《计量法实施细则》规定，（　　）计量行政部门依法设置的计量检定机构，为国家法定计量检定机构。

（A）国务院 （B）省级以上人民政府

（C）有关人民政府 （D）县级以上人民政府

16. 计量基准由（　　）根据国民经济发展和科学技术进步的需要，统一规划，组织建立。

（A）政府计量行政部门 （B）国务院有关主管部门

（C）国务院计量行政部门 （D）省级人民政府计量行政部门

17. 实际用以检定计量标准的计量器具是（　　）。

（A）最高计量标准 （B）计量基准

（C）副基准 （D）工作基准

18. 省级以上人民政府有关主管部门建立的各项最高计量标准由（　　）主持考核。

（A）政府计量行政部门 （B）省级人民政府计量行政部门

（C）国务院计量行政部门 （D）同级人民政府计量行政部门

19. 取得计量标准考核证书后，属企业、事业单位最高计量标准的，由（　　）批准使用。

（A）本单位 （B）主管部门

（C）主持考核部门 （D）同级人民政府计量行政部门

20. 使用不合格计量器具或者破坏计量器具准确度和伪造数据，给国家和消费者造成损失的，责令其赔偿损失，没收计量器具和全部违法所得，可并处（　　）以下的罚款。

（A）3 000 元 （B）2 000 元 （C）1 000 元 （D）500 元

21. 国家法定计量检定机构的计量检定人员，必须经（　　）考核合格，并取得检定证件。

（A）政府主管部门 （B）国务院计量行政部门

（C）省级以上人民政府计量行政部门 （D）县级以上人民政府计量行政部门

22. 伪造、盗用、倒卖强制检定印、证的，没收其非法检定印、证和全部非法所得，可并处（　　）以下的罚款；构成犯罪的，依法追究刑事责任。

（A）3 000 元 （B）2 000 元 （C）1 000 元 （D）500 元

23. 法定计量单位中，国家选定的非国际单位制的质量单位名称是（　　）。

（A）公斤 （B）公吨 （C）米制吨 （D）吨

24. 国际单位制中，下列计量单位名称属于有专门名称的导出单位是（　　）。

（A）摩尔 （B）焦耳 （C）开尔文 （D）坎德拉

25. 国际单位制中，下列计量单位名称不属于有专门名称的导出单位是（　　）。

（A）牛顿 （B）瓦特 （C）电子伏 （D）欧姆

26. 按我国法定计量单位的使用规则，15℃应读成（　　）。

（A）15 度 （B）15 度摄氏 （C）摄氏 15 度 （D）15 摄氏度

27. 测量结果与被测量真值之间的差是（　　）。

（A）偏差 （B）测量误差 （C）系统误差 （D）粗大误差

28. 修正值等于负的（　　）。

(A)随机误差　　　　　　(B)相对误差　　　　(C)系统误差　　　　(D)粗大误差

29. 计量保证体系的定义是指为实施计量保证所需的组织结构（　　）、过程和资源。

(A)文件　　　　　　　　(B)程序　　　　　　(C)方法　　　　　　(D)条件

30. 按照 ISO 10012—1 标准的要求：（　　）。

(A)企业必须实行测量设备的统一编写管理办法

(B)必须分析计算所有测量的不确定度

(C)必须对所有的测量设备进行标识管理

(D)必须对所有的测量设备进行封缄管理

31. 计量检测体系要求对所有的测量设备都要进行（　　）。

(A)检定　　　　　　　　(B)校准　　　　　　(C)比对　　　　　　(D)确认

32. 电动势的方向规定为（　　）。

(A)由低电位指向高电位　　　　　　　(B)由高电位指向低电位

(C)电位的方向　　　　　　　　　　　(D)电流的方向

33. 线圈中的感应电动势大小与线圈中（　　）。

(A)磁通的大小成正比

(B)磁通的大小成反比

(C)磁通的大小无关，而与磁通的变化率成正比

(D)磁通的大小无关，而与磁通的变化率成反比

34. 把交流电转换为直流电的过程叫（　　）。

(A)变压示　　　(B)稳压　　　　　　(C)整流　　　　　　(D)滤波

35. 用万用表测量二极管的极性和好坏时，应把欧姆挡拨到（　　）。

(A)$R \times 1\ \Omega$ 挡　　　　　　　　(B)$R \times 10\ \Omega$ 挡

(C)$R \times 100\ \Omega$ 或 $R \times 1\ k\Omega$ 挡　　　　(D)$R \times 10\ k\Omega$ 挡

36. 稳压二极管的反向特性曲线越陡（　　）。

(A)稳压效果越差　　　　　　　　　　(B)稳压效果越好

(C)稳定的电压值越高　　　　　　　　(D)稳定的电流值越高

37. 用万用表 $R \times 100\ \Omega$ 档测量一只晶体管各极间正反电阻，如果都呈现很小的阻值，则这只晶体管（　　）。

(A)两个 PN 结都被击穿　　　　　　　(B)两个 PN 结都被烧坏

(C)只有发射极被击穿　　　　　　　　(D)只有集电极被击穿

38. 乙类功率放大器所存在的一个主要问题是（　　）。

(A)截止失真　　　(B)饱和失真　　　(C)交越失真　　　(D)零点漂移

39. 逻辑表达式 A＋AB 等于（　　）。

(A)A　　　　　　　(B)1＋A　　　　　(C)1＋B　　　　　(D)B

40. 二进制数 1 011 101 等于十进制数（　　）。

(A)92　　　　　　　(B)93　　　　　　(C)94　　　　　　(D)95

41. 温度是表征物体（　　）的物理量。

(A)热胀冷缩　　　(B)冷热程度　　　(C)热平衡状态　　　(D)温度高低

42. 温度是表征物体（　　）程度的物理量。

(A)高低   (B)冷热   (C)快慢   (D)大小

43. 国际上公认的最准确的温度是( )。

(A)摄氏温度   (B)华氏温度   (C)热力学温度   (D)兰氏温度

44. 温度定义的基础是根据热力学中的( )现象。

(A)热辐射   (B)热平衡   (C)冷热程度   (D)热胀冷缩

45. ( )定律指出,如果两个系统中每一个系统都与第三个系统处于热平衡,则它们彼此也必定处于热平衡。

(A)热力学第一   (B)热力学第二

(C)热力学第三   (D)热力学第四

46. 以热力学第二定律为基础的温标是( )。

(A)经验温标   (B)理想气体温标

(C)国际温标   (D)热力学温标

47. 热力学温标通常是用( )来实现的。

(A)基准铂电阻温度计   (B)气体温度计

(C)基准光学高温计   (D)基准铂铑$_{10}$—铂热电偶

48. 热力学温标是以( )定律为基础。

(A)热力学第一   (B)热力学第二

(C)普朗克辐射   (D)克劳修斯

49. 热力学温度的单位是开尔文,它定义为水三相点热力学温度的( )。

(A)1/100   (B)1/273.15   (C)1/273.16   (D)1/273

50. 热力学温度(符号为 T)和摄氏温度(符号为 t)之间的关系式为( )。

(A)$t/℃=T/K-273.16$ (B)$t/℃=T/K+273.16$

(C)$t/℃=T/K-273.15$ (D)$t/℃=T/K+273.15$

51. 热力学温度的起点是( )。

(A)0℃   (B)冰点   (C)水三相点   (D)绝对零度

52. 我国目前采用的温标是( )。

(A)经验温标   (B)IPIS-68 温标

(C)IPIS-48 温标   (D)ITS-90 温标

53. 水三相点的温度是( )℃。

(A)+0.1   (B)-0.1   (C)-0.01   (D)+0.01

54. 水的冰点温度是( )℃。

(A)0   (B)+0.1   (C)+0.01   (D)-0.01

55. 温度计在使用时要有足够的插入深度,其主要目的是( )。

(A)消除导热误差   (B)避免外界干扰

(C)稳定杂散电势   (D)消除辐射误差

56. 玻璃液体温度计的示值检定,被检温度计的读数要估计到( )。

(A)0.005 ℃   (B)0.01 ℃   (C)分度值的 1/5   (D)分度值的 1/10

57. 用局浸式温度计测温时,若露液的平均温度与检定时不同,应对( )修正。

(A)露液体积进行   (B)露液长度进行

(C)露液温度进行　　　　　　　　　　(D)示值进行露液的温度

58. 用玻璃液体温度计测温时,读数前要轻敲温度计是为了(　　)。
(A)消除热惰性的误差影响　　　　　　(B)避免断柱的影响
(C)提高温度计的灵敏度　　　　　　　(D)克服感温液与毛细管间的摩擦力

59. 双金属温度计按指示部分与保护管连接方式不同可分为 3 种类型,指出哪种不属于此种类型(　　)。
(A)90°角型　　　(B)135°角型　　　(C)轴向型　　　(D)径向型

60. 根据装入测温系统内的感温介质的不同,指出不属于压力式温度计的是(　　)。
(A)气体压力式　　　(B)液体压力式　　　(C)蒸汽压力式　　　(D)膜盒压力式

61. 工业铂、铜热电阻现行检定规程适用于使用温度范围为(　　)℃的工业铂、铜热电阻和感温元件的检定。
(A)0~850　　　　　　　　　　　　(B)-200~850
(C)-200~650　　　　　　　　　　(D)0~650

62. 用直流测温电桥来测量温度计电阻时,经常会发现检流计的零位有漂移现象,那主要是由(　　)造成的。
(A)温度计引线太长　　　　　　　　　(B)电源稳定性差
(C)温度计引线之间存在着杂散热电势　(D)流过温度计的工作电流太大

63. 电阻温度系数 α 的定义为(　　)。
(A)温度变化 1 ℃时引起电阻值的变化量
(B)温度变化 1 ℃时引起电阻比的变化量
(C)0~630.74 ℃范围内,温度平均变化 1℃时引起电阻的相对变化量
(D)0~100 ℃范围内,温度平均变化 1℃时引起电阻的相对变化量

64. 当热电偶测量端温度确定时,热电偶冷端温度增加,热电偶的热电势(　　)。
(A)增加　　　(B)不变　　　(C)减少　　　(D)迅速增加

65. 铂热电阻的铂丝应力通常会引起(　　)。
(A)电阻减小　　　(B)电阻增大　　　(C)α 值上升　　　(D)α 值时升时降

66. 检定热电阻时,通过热电阻的电流应不大于(　　)mA。
(A)0.5　　　(B)1　　　(C)1.5　　　(D)2

67. 半导体热敏电阻与金属热电阻相比,它的主要优点是电阻(　　)较大,故灵敏度高。
(A)热电系数　　　(B)热传导系数　　　(C)稳定系数　　　(D)温度系数

68. 采用热敏电阻作为感温元件进行测温时,通常采用(　　)方式。
(A)平衡电桥　　　(B)不平衡电桥　　　(C)比较电桥　　　(D)热电比较

69. 安装工业电阻温度计时,保护管的插入深度,一般不得小于保护管外径的(　　)倍。
(A)5　　　(B)8　　　(C)15　　　(D)20

70. 半导体热敏电阻作为一种测温元件,其阻值和温度的对应关系是(　　)的。
(A)成正比　　　(B)成反比　　　(C)线性　　　(D)非线性

71. 对工业热电阻进行外观检查时,除装配质量外,特别是绝缘性能是否符合要求,即铂电阻的绝缘电阻不小于 100 MΩ,铜电阻则不小于(　　)MΩ。
(A)80　　　(B)60　　　(C)40　　　(D)20

72. 热电阻的检定周期最长不得超过（　　　）。

(A)半年 　　　(B)一年 　　　(C)一年半 　　　(D)两年

73. 用热电偶测温时，当其两端温度不同，回路内将会产生热电动势，这种现象就是（　　　）。

(A)光电效应用 　　　(B)电磁感应 　　　(C)塞贝克效应 　　　(D)约塞夫森效应

74. 热电偶测温基于什么理论，下列定律和效应中，哪一个与热电偶测温有关，（　　　）。

(A)克希霍夫定律 　　　(B)塞贝克效应 　　　(C)维恩位移定律 　　　(D)光电效应

75. 在测量 1 000 ℃ 附近的温度时，下面的温度计中，属哪种测温精度最高，最常用（　　　）。

(A)辐射温度计 　　　(B)铂铑$_{10}$—铂热电偶

(C)镍铬—镍硅热电偶 　　　(D)钨铼系热电偶

76. 指出下列几种热电偶中，哪一种测量温度为最高。

(A)铂铑$_{10}$—铂热电偶 　　　(B)铂铑$_{30}$—铂铑$_6$热电偶

(C)镍铬考铜丝热电偶 　　　(D)铜—康铜热电偶

77. 在某项科学试验中，需要测 1 000 ℃ 的高温，不但要求精度高，而且要在氧化气氛下工作，应该选用哪一种最合适。

(A)光学高温计 　　　(B)辐射高温计

(C)铂铑$_{10}$—铂热电偶 　　　(D)铂铑$_{30}$—铂铑$_6$热电偶

78. 研究各种热电偶材料的热电特性的重要方法是根据（　　　）定律进行的。

(A)中间导体 　　　(B)中间温度 　　　(C)连接导体 　　　(D)参考电极

79. 铂铑$_{10}$—铂热电偶，不适宜在下列哪种气氛和条件下工作。

(A)氧化性气氛 　　　(B)中性介质

(C)还原性物质及侵蚀性物质 　　　(D)真空中

80. 标准与被检铂铑$_{10}$—铂热电偶，在检定时，它们的参考端都处在温度为 0 ℃ 的同一恒温器中，按规程要求，各参考端之间的温差应为：（　　　）℃。

(A)0.5 　　　(B)0.05 　　　(C)0.1 　　　(D)1.0

81. 补偿导线有正负之分，由于补偿导线极性接反所造成的误差为不用补偿导线时的（　　　）倍。

(A)1 　　　(B)2 　　　(C)3 　　　(D)4

82. （　　　）定律为在工业测温中，应用补偿导线提供了理论基础。

中间导体 　　　(B)参考电极 　　　(C)连接导体 　　　(D)中间温度

83. 热电偶回路中的热电势与温度的关系称为热电偶的（　　　）特性。

(A)温差 　　　(B)热电 　　　(C)热导 　　　(D)热平衡

84. 采用同名极法检定热电偶是根据（　　　）定律进行的。

(A)连接导体 　　　(B)均质导体 　　　(C)中间导体 　　　(D)中间温度

85. 利用开路热电偶测量液态金属和金属壁面的温度是根据（　　　）定律进行的。

(A)均质导体 　　　(B)连接导体 　　　(C)中间导体 　　　(D)中间温度

86. 连接导体定律为在工业测温中，应用（　　　）提供了理论基础。

(A)热电偶检定 　　　(B)热电特性 　　　(C)冷端补偿 　　　(D)补偿导线

87. 中间温度定律为使用( )奠定了理论基础。

(A)双极法　　　　　(B)同名极法　　　　　(C)微差法　　　　　(D)分度表

88. S型热电偶的稳定性与铂极纯度有密切关系,所以我国规定 S 型工业热电偶的电阻比 W( )。

(A)≥1.391 5　　　(B)≥1.391 8　　　(C)≥1.392 0　　　(D)≥1.392 5

89. 钨铼热电偶在高温测试领域中是很有前途的一种,因绝缘材料限制,一般最高可使用到( )℃。

(A)2 200　　　　(B)2 300　　　　(C)2 400　　　　(D)2 500

90. 检定工作用玻璃液体温度计经稳定度试验后,其零点位置的上升值不得超过分度值的( )。

(A)1/2　　　　　(B)1/3　　　　　(C)1/4　　　　　(D)1/5

91. 工作用玻璃液体温度计零点检定时,温度计要垂直插入冰点槽中,距离器壁不得小于( )mm,待示值稳定后方可读数。

(A)10　　　　　(B)15　　　　　(C)20　　　　　(D)25

92. 在检定工作用玻璃液体温度计时,整个读数过程中槽温变化不得超过 0.1℃,使用自控恒温槽时控温精度不得大于±( )。

(A)0.1 ℃/10 min　(B)0.2 ℃/10 min　(C)0.5 ℃/10 min　(D)0.05 ℃/10 min

93. 检定压力式温度计在读被检温度计示值时,视线应垂直于表盘,读数应估计到最小分度值的( )。

(A)1/2　　　　　(B)1/3　　　　　(C)1/5　　　　　(D)1/10

94. 在检定电接点压力式温度计时,被检电接点温度计设定指针指示的温度(检定点)与接点闭合或断开动作温度的差值即为接点动作误差,其最大值不应超过( )。

(A)允许基本误差的 1 倍　　　　　(B)允许基本误差的 1.5 倍

(C)允许基本误差绝对值的 1 倍　　　(D)允许基本误差绝对值的 1.5 倍

95. 常温下对于长度超过 1m 的热电偶,它的常温绝缘电阻值与其长度的乘积应不小于( )MΩ·m。

(A)40　　　　　(B)60　　　　　(C)80　　　　　(D)100

96. 规程要求检定工作用热电偶应选用低电势直流电位差计,其准确度不低于 0.02 级,最小步进值不大于( )μV 或具有同等准确度的其他设备。

(A)0.4　　　　　(B)0.5　　　　　(C)1　　　　　(D)2

97. 热电偶检定炉在均匀温场长度不小于 60 mm,半径为 14 mm 范围内,任意两点间温差不得大于( )℃。

(A)0.5　　　　　(B)1　　　　　(C)1.5　　　　　(D)2

98. 根据检定规程要求,检定贵金属热电偶多点转换开关的寄生电势应不大于( )μV。

(A)0.2　　　　　(B)0.4　　　　　(C)0.5　　　　　(D)1

99. 根据热电偶的测温原理可知,热电偶的热电势随着参考端温度的升高而( )。

(A)增大　　　　　(B)略增　　　　　(C)减小　　　　　(D)不变

100. 根据检定规程要求,检定廉金属热电偶的多点转换开关寄生电势不应大于

（　　）μV。

(A)0.5 　　　　　(B)1 　　　　　(C)2 　　　　　(D)4

101. 在检定廉金属热电偶时,当炉温升到检定点温度,炉温变化小于(　　)℃/min 时,自标准热电偶开始,依次测量各被检热电偶的热电动势。

(A)0.2 　　　　　(B)0.5 　　　　　(C)1 　　　　　(D)2

102. 在检定廉金属热电偶时,读数应迅速准确,时间间隔应相近,测量读数不应少于(　　)次。

(A)2 　　　　　(B)3 　　　　　(C)4 　　　　　(D)5

103. 在检定廉金属热电偶时,读数应迅速准确,时间间隔应相近,测量读数不应少于4 次,测量时管式电炉温度变化不大于±(　　)℃。

(A)0.05 　　　　　(B)0.25 　　　　　(C)0.5 　　　　　(D)1

104. 检定热电偶的控温设备,其控温精度应满足检定炉的恒温要求,一般应在 5～10 min 内,每分钟炉温变化不超过(　　)℃。

(A)0.1 　　　　　(B)0.2 　　　　　(C)0.25 　　　　　(D)0.5

105. 热电偶的退火温度和时间要严格按照规定进行操作是保证(　　)的重要因素。

(A)热电偶准确度 　　　　　(B)热电偶稳定性

(C)退火质量 　　　　　(D)热电偶使用寿命

106. 对廉金属热电偶退火要在其检定点的最高温度保持(　　)小时。

(A)1 　　　　　(B)2 　　　　　(C)3 　　　　　(D)4

107. 使用中的标准铂铑$_{10}$—铂热电偶,在检定前应清洗退火,按规定要求其退火温度为(　　)℃。

(A)1 000 　　　　　(B)1 100 　　　　　(C)1 200 　　　　　(D)1 300

108. 对热电偶进行退火处理,可以消除热电极中的内应力,改善金相组织,从而提高热电偶的(　　)。

(A)准确度 　　　　　(B)稳定性 　　　　　(C)退火质量 　　　　　(D)使用寿命

109. 亮度测温法的测温原理是基于(　　)辐射定律,所测得的温度为亮度温度。

(A)普朗克 　　　　　(B)维恩位移 　　　　　(C)基尔霍夫 　　　　　(D)斯蒂芬

110. 从一个辐射源没经过任何媒介物,又没实际接触,就把热传递给另外一个物体,这种传热的现象称为(　　)。

(A)热对流 　　　　　(B)热传导 　　　　　(C)热辐射 　　　　　(D)热感应

111. 以辐射的形式发射、传播和接收的(　　)称辐射能。

(A)电磁波 　　　　　(B)能量 　　　　　(C)辐射强度 　　　　　(D)光谱辐射

112. 辐射感温器的热接收元件是由许多不同的热电偶(　　)组成。

(A)串联 　　　　　(B)并联 　　　　　(C)串、并联 　　　　　(D)分段结合

113. 国际温标规定,金点以上温度由(　　)辐射定律来定义。

(A)普朗克 　　　　　(B)维恩位移 　　　　　(C)基尔霍夫 　　　　　(D)斯蒂芬

114. 实际物体的辐射温度(　　)真实温度。

(A)大于 　　　　　(B)小于 　　　　　(C)等于 　　　　　(D)近似于

115. 动圈式温度仪表实质上是一种(　　)直流电流表。

(A)电磁式　　　　　(B)磁电式　　　　　(C)电动式　　　　　(D)整流式

116. 当用热电偶与动圈仪表配套进行温度测量时,根据其工作原理可知,动圈仪表指针的偏转角与输入电流大小(　　　)。

(A)有关　　　　　(B)无关　　　　　(C)成正比　　　　　(D)成反比

117. 动圈式温度仪表是工业过程测量和控制系统中广泛采用的一种(　　　)式简易仪表。

(A)直接　　　　　(B)间接　　　　　(C)模拟　　　　　(D)接触

118. JJG 186—97 检定规程规定与热电偶配用的直接作用式动圈仪表的内阻应不小于(　　　)欧姆。

(A)100　　　　　(B)150　　　　　(C)200　　　　　(D)250

119. 检定配热电偶动圈式仪表用的标准仪器是直流低电势电位差计(或准确度与其相当的数字电压表),其准确度等级不低于(　　　)级。

(A)0.1　　　　　(B)0.2　　　　　(C)0.05　　　　　(D)0.5

120. 检定配热电阻动圈仪表用的标准仪器是直流电阻箱,其准确度等级不低于(　　　)级。

(A)0.01　　　　　(B)0.02　　　　　(C)0.05　　　　　(D)0.5

121. 具有断偶保护装置的动圈式温度仪表,当热电偶断路时,指示指针指向(　　　)位置。

(A)指针不动　　　　　　　　　　(B)超越下限刻度线
(C)超越上限刻度线　　　　　　　　(D)中间值刻度线

122. 准确度等级为 1.0 级的动圈式温度仪表,其示值重复性不应超过仪表电量程的(　　　)。

(A)0.2%　　　　　(B)0.25%　　　　　(C)0.3%　　　　　(D)0.4%

123. 准确度等级为 1.5 级的动圈式温度仪表。其示值重复性不应超过仪表电量程的(　　　)。

(A)0.2%　　　　　(B)0.25%　　　　　(C)0.3%　　　　　(D)0.4%

124. 准确度等级为 1.0 级的动圈式温度仪表,其切换值重复性不应超过仪表电量程的(　　　)。

(A)0.2%　　　　　(B)0.25%　　　　　(C)0.3%　　　　　(D)0.4%

125. 动圈仪表测量部分的核心是(　　　)直流电流表。

(A)电磁系　　　　　(B)磁电系　　　　　(C)感应系　　　　　(D)电动式

126. 根据不平衡电桥原理可知,桥路电源电压的波动对仪表的测量精度(　　　)。

(A)有影响　　　　　(B)无影响　　　　　(C)影响很小　　　　　(D)影响很大

127. 在 XC 系列仪表中规定连接导线电阻为 5 Ω,这时,环境温度在 0～50 ℃ 范围变化时,因连接导线电阻变化所引起的附加误差不超过(　　　)。

(A)0.2%　　　　　(B)0.3%　　　　　(C)0.4%　　　　　(D)0.5%

128. 动圈仪表中的串联电阻 Rs 除可以改变仪表量程外,还能提高测量机构的(　　　)。

(A)稳定性　　　　　(B)准确度　　　　　(C)输入电压　　　　　(D)输入电阻

129. 动圈仪表测量机构随温度变化而出现的误差,主要是由动圈(　　　)而产生的。

(A)变形　　　　　(B)电流变化　　　　　(C)电压变化　　　　　(D)电阻变化

130. 动圈温度仪表的内阻包括:动圈、张丝、温度补偿用的(　　　)、并联电阻、串联电阻等。

(A)参考端补偿器　　　(B)补偿导线　　　(C)锰铜电阻　　　(D)热敏电阻

131. 配热电阻的动圈仪表就是利用(　　)把热电阻随温度的变化转换成电压的变化,通过动圈仪表指示出温度的。

(A)热电阻的压降　　　(B)电位差计　　　(C)平衡电桥　　　(D)不平衡电桥

132. 为了减小动圈仪表的示值误差,通常在磁路系统装有可调磁分路片,用来调整空气隙中的(　　)。

(A)磁通量大小　　　(B)磁感应强度　　　(C)磁感应电流　　　(D)磁感应电势

133. 根据不平衡电桥原理可知,桥路电源电压的波动对仪表的(　　)影响很大。

(A)测量结果　　　(B)测量精度　　　(C)稳定性　　　(D)准确度

134. XC 系列仪表是采用齐纳管稳定电路,这种稳压电源的稳压效果较好,当电源电压波动±10%时,稳定电压 4V 的变化为±(　　)。

(A)0.02%　　　(B)0.05%　　　(C)0.005%　　　(D)0.1%

135. 热电阻接入测量桥路的方式常采用三线制,这种连接方式可以消除导线电阻对(　　)的影响。

(A)测量准确度　　　(B)测量精度　　　(C)测量结果　　　(D)测量稳定性

136. 当断偶保护装置接入热电偶测量回路中后,仪表在正常工作时,其断偶保护线路不应影响(　　)。

(A)测量结果　　　(B)测量准确度　　　(C)测量精度　　　(D)测量稳定性

137. 检定动圈式温度指示位式调节仪表时,指示指针超越设定指针的距离应大于刻度弧长的(　　)。

(A)2%　　　(B)5%　　　(C)10%　　　(D)15%

138. 检定自动平衡式显示仪表时,对额定行程时间不大于 1s 的仪表,在输入量程 10% 的阶跃信号时,仪表的阶跃响应时间应不超过额定行程时间的(　　)。

(A)1/2　　　(B)1/3　　　(C)1/4　　　(D)1/5

139. 对自动平衡显示仪表的运行试验,应使仪表指针在不小于标尺长度的 50% 范围内运行(　　)小时。

(A)8　　　(B)12　　　(C)24　　　(D)48

140. 检定自动平衡显示仪表所选用的整套检定设备的误差应小于被检仪表允许误差的(　　)。

(A)1/2　　　(B)1/3　　　(C)1/4　　　(D)1/5

141. 检定具有参考端温度自动补偿的自动平衡显示仪表时,通电预热 30 min 内其环境温度的变化不应大于(　　)℃。

(A)0.2　　　(B)0.5　　　(C)1　　　(D)2

142. 检定电子平衡桥用的三根连接导线不应超过规定值的±(　　)Ω。

(A)0.1　　　(B)0.2　　　(C)0.03　　　(D)0.05

143. 检定 0.5 级的电子平衡电桥,应选用(　　)级的电阻箱。

(A)0.01　　　(B)0.02　　　(C)0.03　　　(D)0.05

144. JF-12 型放大器的输出负载是可逆电动机,它的最小启动电压为(　　)V。

(A)0.2　　　　　　(B)0.4　　　　　　(C)0.5　　　　　　(D)1

145. JF-12 型放大器的输出负载是可逆电动机,它的最小启动电压为 0.4 V,正常运行的工作电压为(　　)V。

(A)15　　　　　　(B)25　　　　　　(C)50　　　　　　(D)100

146. 可逆电动机的转动方向取决于仪表测量电路的(　　)的极性。

(A)电压信号　　　(B)电流信号　　　(C)偏差信号　　　(D)脉冲信号

147. 可逆电动机的转速在接近空载转速的二分之一时,其输出功率(　　)。

(A)减小　　　　　(B)减半　　　　　(C)不变　　　　　(D)最大

148. 机械式振动变流器不对称度一般不应超过(　　)。

(A)3%　　　　　　(B)5%　　　　　　(C)10%　　　　　(D)15%

149. 对机械式振动变流器的寿命要求是在最大功率条件下工作(　　)h,应能满足其主要技术要求。

(A)1 000　　　　　(B)1 500　　　　　(C)2 000　　　　　(D)3 000

150. 在常温下,机械式振动变流器的触点、触针和激磁绕组与外壳之间的绝缘电阻不低于(　　)MΩ。

(A)40　　　　　　(B)60　　　　　　(C)80　　　　　　(D)100

151. 数字温度指示调节仪的准确度一般是 0.5%、(　　)和 0.1%。

(A)0.4%　　　　　(B)0.3%　　　　　(C)0.25%　　　　(D)0.2%

152. 数字温度指示调节仪的输入阻抗通常都大于(　　)kΩ。

(A)5　　　　　　　(B)10　　　　　　(C)20　　　　　　(D)30

153. 常用的测温仪表可分为接触式与(　　)两大类。

(A)动圈式　　　　(B)平衡式　　　　(C)数字式　　　　(D)非接触式

154. 当热电偶测量端温度确定时,热电偶冷端温度增加,热电偶的热电势(　　)。

(A) 增加　　　　　(B)不变　　　　　(C)减少　　　　　(D)迅速增加

155. 如果热电偶冷端温度恒定,那么热电偶的热电势(　　)。

(A)只与测量端温度有关　　　　　　　(B)与测量端温度成反比

(C)保持不变　　　　　　　　　　　　(D)将增加

156. 试确定下列各种热电偶,哪一种是标准化热电偶。

(A) 镍铬—镍硅　　(B)钨—钨铼　　　(C)镍钴—镍铝　　(D)铁—康铜

157. 某被测热电偶 400 ℃的误差为 2.3 ℃,则该点修正值是(　　)℃。

(A)2.3　　　　　　(B)—2.3　　　　　(C)4.6　　　　　　(D)—4.6

158. 检定压力式温度计时,温度计温包必须(　　)浸没。

(A)一半　　　　　(B)全部　　　　　(C)在部分　　　　(D)三分之一

159. 充液体式压力式温度计是基于测温液体的(　　)随温度而变化的特性制成的。

(A)重量　　　　　(B)体积　　　　　(C)压强　　　　　(D)密度

160. 按充入密封系统的介质性质不同,压力式温度计可分为充气体式,(　　),充蒸发液体式三种。

(A)充液体式　　　(B)充酒精式　　　(C)充水式　　　　(D)充苯式

161. 热力学温度的 1 开尔文定义为水三相点热力学温度的(　　)分之一。

（A）273.15   （B）273.16   （C）100   （D）213.16

162. 摄氏温度 t 与热力学温度 T 之间的关系是（   ）。

（A）$t=T+273.15$ （B）$t=T-273.16$ （C）$t=T$ （D）$t=T-273.15$

163. 动圈式温度仪表中的张丝不但有支承作用，还可产生（   ）和向动圈引入电流的作用。

（A）作用力矩   （B）反作用力矩   （C）电压   （D）阻力

164. 对于配热电偶用动圈温度表（有断偶保护功能），当热电偶开路时，仪表指针指向（   ）。

（A）上限   （B）下限   （C）中间   （D）室温

三、多项选择题

1. 温度仪表现场使用时可能会受到（   ）的干扰。

（A）横向干扰   （B）震动干扰   （C）纵向干扰   （D）光线干扰

2. 温度仪表受到的横向干扰来源于（   ）。

（A）交流电机   （B）震动   （C）交流导线   （D）摇晃

3. 温度仪表受到的纵向干扰来源于（   ）。

（A）耐火砖漏电   （B）不同的地电位   （C）电场   （D）摇晃

4. 热传递的基本方式是（   ）。

（A）传导   （B）对流   （C）辐射   （D）褶皱

5. 下列各项中（   ）是热传递的基本方式。

（A）变送   （B）传导   （C）对流   （D）辐射

6. 检定热电阻时，其部件应（   ）。

（A）无锈蚀   （B）无破损   （C）无缺件   （D）装配正确

7. 下列各项中（   ）是辐射温度计的测温方法。

（A）比较法   （B）双极法   （C）全辐射温度法   （D）亮温法

8. 用（   ）的方法可消除温度仪表受到的横向干扰。

（A）热电偶保护管接地   （B）远离电磁场   （C）外加屏蔽   （D）靠近电磁场

9. 用（   ）方法可消除温度仪表受到的纵向干扰。

（A）热电偶不与耐火砖接触   （B）采用三线热电偶
（C）热电偶保护管接地   （D）靠近电磁场

10. 用（   ）的方法可消除温度仪表受到的各类干扰。

（A）热电偶不与耐火砖接触   （B）采用三线热电偶
（C）热电偶保护管接地   （D）远离电磁场

11. 用于绕制工业热电阻电阻丝的骨架材料有（   ）。

（A）石英   （B）云母   （C）陶瓷   （D）塑料

12. 下列行为中（   ）属于非法的，可处以下的罚款；构成犯罪的，依法追究刑事责任。

（A）伪造强制检定印   （B）盗用强制检定印
（C）倒卖强制检定印   （D）参加本专业继续教育

13. 法定计量单位中，国家选定的非国际单位制单位有（   ）。

(A)秒　　　　　　　(B)瓦特　　　　　(C)节　　　　　　(D)吨

14. 国际单位制中,下列计量单位名称中属于有专门名称的导出单位的是(　　　)。

(A)牛顿　　　　　　(B)瓦特　　　　　(C)电子伏　　　　(D)欧姆

15. 国际单位制中,下列计量单位名称中属于基本单位的是(　　　)。

(A)欧姆　　　　　　(B)伏特　　　　　(C)开尔文　　　　(D)坎德拉

16. 法定计量单位中,哪些(　　　)是国家选定的平面角单位。

(A)秒　　　　　　　(B)分　　　　　　(C)度　　　　　　(D)公吨

17. 国际单位制中,下列计量单位名称不属于基本单位的是(　　　)。

(A)欧姆　　　　　　(B)伏特　　　　　(C)秒　　　　　　(D)坎德拉

18. 强制检定的计量器具包括(　　　)。

(A)强制检定的计量标准　　　　　　　(B)强制检定的工作计量器具

(C)事业单位计量器具　　　　　　　　(D)企业计量器具

19. 检定证书必须有哪些(　　　)人员签字。

(A)主任　　　　　　(B)检定　　　　　(C)检验　　　　　(D)主管

20. 下列各项中(　　　)是国家选定的非国际单位制单位。

(A)分　　　　　　　(B)小时　　　　　(C)天　　　　　　(D)公吨

21. 检定双金属温度计时,其部件应(　　　)。

(A)不透明　　　　　(B)不得松动　　　(C)不得锈蚀　　　(D)装配牢固

22. 检定双金属温度计时,其刻线、数字应(　　　)。

(A)清晰　　　　　　(B)完整　　　　　(C)正确　　　　　(D)透明

23. 双金属温度计按结构的不同可分(　　　)。

(A)带微处理器式　　(B)可调角式　　　(C)电接点式　　　(D)显示式

24. 双金属温度计主要由(　　　)组成。

(A)指针　　　　　　(B)度盘　　　　　(C)保护管　　　　(D)感温元件

25. 国际单位制中的辅助单位包括(　　　)。

(A)平面角　　　　　(B)立体角　　　　(C)秒　　　　　　(D)坎德拉

26. 国际单位制由(　　　)组成。

(A)SI 单位　　　　　　　　　　　　　(B)SI 词头

(C)SI 单位的倍数和分数　　　　　　　(D)感温元件

27. 中国法定计量单位由(　　　)组成。

(A)国际单位制单位　　　　　　　　　(B)坎德拉

(C)中国选定的非国际单位制单位　　　(D)感温元件

28. 下列单位中(　　　)是国际单位制的基本单位。

(A)坎德拉　　　　　(B)平面角　　　　(C)米　　　　　　(D)安培

29. 在数字电路中,最基本的逻辑关系有哪三种(　　　)。

(A)与　　　　　　　(B)或　　　　　　(C)非　　　　　　(D)安培

30. 在 PID 调节规律中,包含了哪些调节规律(　　　)。

(A)比例　　　　　　(B)积分　　　　　(C)安培　　　　　(D)积分

31. 常用热电偶分度号有(　　　)。

(A)K　　　　　　(B)S　　　　　　(C)P　　　　　　(D)M

32. 常用热电阻分度号有(　　)。

(A)Pt100　　　　(B)S　　　　　　(C)Cu50　　　　(D)M

33. 强制检定工作计量器具包括(　　)方面的计量器具。

(A)重要场所　　　(B)贸易结算　　　(C)安全防护　　　(D)医疗卫生

34. 下列哪种分度号热电偶是标准化热电偶。

(A) K　　　　　　(B)钨铼系　　　　(C)T　　　　　　(D)N

35. 热电阻的接线方法主要有(　　)。

(A)二线制　　　　(B)三线制　　　　(C)四线制　　　　(D)五线制

36. 热电偶的热电势主要与(　　)方面有关。

(A)测量端温度　　　　　　　　　　　(B)参考端温度

(C)热电偶长度　　　　　　　　　　　(D)热电偶的电阻

37. 热电偶的测量端应焊接牢固,表面应(　　)。

(A)光滑　　　　　(B)有气孔　　　　(C)无气孔　　　　(D)呈球状

38. 测量 600℃ 的炉内温度适合用哪种分度号热电偶。

(A)J　　　　　　 (B)K　　　　　　(C)E　　　　　　(D)N

39. XW 系列自动平衡记录仪主要由(　　)组成。

(A)测量桥路　　　　　　　　　　　　(B)放大器

(C)可逆电机　　　　　　　　　　　　(D)指示机构与调节机构

40. 热电偶的损坏程度一般分为(　　)。

(A)轻度　　　　　(B)中度　　　　　(C)较严重　　　　(D) 严重

41. 压力式温度计的种类可分为(　　)。

(A)充水银式　　　(B)充气式　　　　(C)充蒸发液体式　(D)充液体式

42. 用热电偶测量温度时,热电偶的最小插入深度一般应大于保护管外径的(　　)倍。

(A)5　　　　　　 (B)8　　　　　　(C)9　　　　　　(D)10

43. 热电阻的允差等级有(　　)。

(A)AA　　　　　 (B)A　　　　　　(C)B　　　　　　(D)C

44. 下列各项中(　　)是压力式温度计的主要组成部分。

(A)盘簧管　　　　(B)感温包　　　　(C)热电极　　　　(D)接线盒

45. 铠装热电偶是由(　　)三者组合加工而成的。

(A)热电极　　　　　　　　　　　　　(B) 绝缘材料

(C)金属套管　　　　　　　　　　　　(D)水银

46. 下列各项中(　　)是普通热电偶的主要组成部分。

(A)热电极　　　　(B)绝缘材料　　　(C)毛细管　　　　(D)盘簧管

47. 使用中的工业热电阻的检定项目有(　　)。

(A)外观　　　　　(B) 绝缘电阻　　　(C)允差　　　　　(D)接线

48. 工业热电阻的检定点应选择(　　)℃。

(A)20　　　　　　(B)50　　　　　　(C)0　　　　　　(D)100

49. 下列各项中(　　)是普通热电阻的主要组成部分。

(A)电阻体 　　　(B)绝缘材料 　　　(C)毛细管 　　　(D)盘簧管

50. 误差的两种基本表现形式是(　　)。

(A)绝对误差 　　　(B)相对误差 　　　(C)系统误差 　　　(D)随机误差

51. 下列各项中(　　)是国际单位制的基本单位的单位符号。

(A)K 　　　(B)kg 　　　(C)S 　　　(D)P

52. 量的约定真值可充分地接近真值,在实际测量中,通常以被测量的(　　)作为真值。

(A) 标准偏差 　　　　　　　　　　(B)实际值

(C) 已修正的算术平均值 　　　　　　(D)计量标准所复现的量值

53. 廉金属热电偶测量端焊点的型式包括(　　)。

(A)对焊 　　　(B)绞状点焊 　　　(C)点焊 　　　(D)测桥量路

54. 配阻动圈式温度仪表的安装接线方法主要有(　　)。

(A)一线接法 　　　(B)二线接法 　　　(C)三线接法 　　　(D)五线接法

55. 下列各项中(　　)是标准化热电阻。

(A)铂热电阻 　　　(B)铜热电阻 　　　(C)碳热电阻 　　　(D)铁热电阻

56. 热电偶所产生的电动势是由(　　)电势所组成。

(A)温差电势 　　　(B)放大器 　　　(C)三线接法 　　　(D)接触电势

57. 辐射温度计的测方法有(　　)。

(A)亮温法 　　　(B)色温法 　　　(C)三线接法 　　　(D)全辐射温度法

58. 张丝支承式动圈温度仪表的测量机构主要由(　　)组成。

(A)动圈和指针 　　　(B)支承系统 　　　(C)磁路系统 　　　(D)串、并联电阻

59. 玻璃液体温度计按结构分为(　　)。

(A)棒式 　　　(B)内标式 　　　(C)外标式 　　　(D)四线式

60. 玻璃水银温度计具有(　　)的特点。

(A)不粘玻璃 　　　(B)灵敏度不高 　　　(C)不易氧化 　　　(D)传热快

61. 有机液体温度计具有(　　)的特点。

(A)不粘玻璃 　　　(B)灵敏度不高 　　　(C)刻度不均匀 　　　(D)传热慢

62. 玻璃液体温度计按填充物不同可分为(　　)。

(A)水银温度计 　　　(B)有机液体温度计 　　(C)外标式 　　　(D)四线式

63. 膨胀式温度计分为(　　)。

(A)棒式 　　　(B)液体膨胀式 　　　(C)气体膨胀式 　　　(D)固体膨胀式

64. 玻璃液体温度计主要由(　　)组成。

(A)玻璃棒 　　　(B)感温泡 　　　(C)毛细管和液柱 　　　(D)刻度和安全泡

65. 膨胀式温度计具有(　　)的特点。

(A)结构简单 　　　(B)使用方便 　　　(C)价格低 　　　(D)坚固耐用

66. 双金属温度计具有(　　)的特点。

(A)结构简单 　　　(B)使用方便 　　　(C)价格低 　　　(D)坚固耐用

67. 电接点玻璃水银温度计应标有(　　)标志。

(A)厂名 　　　(B)编号 　　　(C)工作电压 　　　(D)℃

68. 带温度传感器的温度变送器主要由(　　)组成。

(A)毛细管　　　　　　(B)传感器　　　　(C)信号转换器　　　(D)盘簧管

69. 温度变送器主要种类有(　　)。

(A)带温度传感器的　　　　　　　　　　(B)不带温度传感器的

(C)内标式　　　　　　　　　　　　　　(D)外标式

70. 数字式温度仪表具有(　　)的特点。

(A)读数直观　　　　(B)配接灵活　　　　(C)抗干扰性好　　　(D)坚固耐用

71. 申请计量检定员资格应当具备下列哪些条件。

(A)具备中专(含高中)或相当于中专(含高中)毕业以上文化程度

(B)连续从事计量专业技术工作满1年

(C)具备相应的计量法律法规以及计量专业知识

(D)熟练掌握所从事项目的计量检定规程等有关知识和操作技能

72. 计量检定人员享有(　　)的权利。

(A)在职责范围内依法从事计量检定活动

(B)依法使用计量检定设施,并获得相关技术文件

(C)参加本专业继续教育

(D)使用未经考核合格的计量标准开展计量检定

73. 计量检定人员应当履行(　　)的义务。

(A)依照有关规定和计量检定规程开展计量检定活动

(B)保证计量检定数据和有关技术资料的真实完整

(C)正确保存、维护、使用计量基准和计量标准

(D)承担质量技术监督部门委托的与计量检定有关的任务

74. 红外测温仪由(　　)组成。

(A)光学系统　　　　(B)探测器　　　　(C)信号处理　　　　(D)显示

75. 哪些主要因素决定红外测温仪的准确度。

(A)辐射系数　　　　(B)距离比　　　　(C)视场　　　　　　(D)平衡

76. 哪些因素影响红外测温仪的准确度。

(A)水蒸气　　　　　(B)灰尘　　　　　(C)驱动　　　　　　(D)烟雾

77. 表面温度计按显示方式可分为(　　)。

(A)自动平衡式　　　(B)数字式　　　　(C)指针式　　　　　(D)长图

78. 表面温度计由(　　)组成。

(A)表面热电偶　　　(B)补偿导线　　　(C)指示仪表　　　　(D)偶数法则

79. 测量误差主要来源于(　　)方面。

(A)设备误差　　　　(B)环境误差　　　(C)人员误差　　　　(D)测量方法

80. 1990年国际实用温标有哪两种温度(　　)。

(A)国际实用开尔文温度　　　　　　　　(B)国际实摄氏用温度

(C)华氏温度　　　　　　　　　　　　　(D)列氏温度

81. 电接点玻璃水银温度计的种类可分为(　　)。

(A)可调式　　　　　(B)固定式　　　　(C)充蒸发液体式　　(D)充液体式

82. 测量误差按性质分可分为(　　)。

(A)随机误差　　　　　　(B)系统误差　　　　　(C)设备误差　　　　　(D)粗大误差

83. 测温仪表的准确度等级有(　　　)。

(A)0.1　　　　　　　　(B)0.2　　　　　　　(C)0.5　　　　　　　(D)1.5

84. 玻璃液体温度计按使用时浸没的方式不同可分为(　　　)。

(A)水银式　　　　　　　(B)全浸式　　　　　　(C)局浸式　　　　　　(D)粗大误差

85. 玻璃液体温度计按使用对象不同可分(　　　)。

(A)标准玻璃液体温度计　　　　　　　　　　(B)工作用玻璃液体温度计

(C)特殊温度计　　　　　　　　　　　　　　(D)普通温度计

86. 玻璃液体温度计按分度值不同可分(　　　)。

(A)酒精温度计　　　　　　　　　　　　　　(B)高精密温度计

(C)普通温度计　　　　　　　　　　　　　　(D)水银温度计

87. 工业过程记录仪具有的(　　　)特点。

(A)结构简单　　　　　　(B)可靠性高　　　　　(C)功能齐全　　　　　(D)使用方便

88. 工业过程记录仪按所配附加装置的不同可分为(　　　)。

(A)局浸式　　　　　　　(B)显示式　　　　　　(C)调节式　　　　　　(D)报警

89. 工业过程记录仪按外形大小的不同可分为(　　　)。

(A)大型　　　　　　　　(B)中型　　　　　　　(C)小型　　　　　　　(D)条型

90. 工业过程记录仪按外形形状的不同可分为(　　　)。

(A)调节　　　　　　　　(B)圆图　　　　　　　(C)长图　　　　　　　(D)条型

91. 数字式温度仪表按功能的不同可分(　　　)。

(A)显示型　　　　　　　(B)显示调节报警型　　(C)巡回检测型　　　　(D)记录型

92. 数字式温度仪表按结构的不同可分(　　　)。

(A)带微处理器　　　　　(B)不带微处理器　　　(C)中型　　　　　　　(D)小型

93. 数字式温度仪表的输出调节信号分为(　　　)。

(A)位式调节信号　　　　(B)连续 PID　　　　　(C)断续 PID　　　　　(D)显示信号

94. 检定数据的修约循(　　　)法则。

(A)最大值　　　　　　　(B)四舍五入　　　　　(C)偶数法则　　　　　(D)小型

95. 动圈式温度仪表检定时,设定点偏差应在标尺的(　　　)附近进行。

(A)10%　　　　　　　　(B)50%　　　　　　　(C)70%　　　　　　　(D)90%

96. 工业热电阻按分度号不同可分哪几类(　　　)。

(A)PT100　　　　　　　(B)PT10　　　　　　　(C)CU50　　　　　　　(D)T

97. 铂铑$_{10}$—铂热电偶的检定应在(　　　)℃温度点上进行。

(A)419.527　　　　　　(B)660.323　　　　　(C)1 084.62　　　　　(D)1 200

98. 热电偶按结构形式不同分为(　　　)。

(A)普通型　　　　　　　(B)铠装型　　　　　　(C)表面型　　　　　　(D)多点型

99. 利用热电偶测温具有(　　　)的特点。

(A)结构简单　　　　　　(B)精度高　　　　　　(C)动态响应快　　　　(D)可远距离测温

100. 铠装热电偶按测量端不同分为(　　　)。

(A)碰底型　　　　　　　(B)不碰底型　　　　　(C)露头型　　　　　　(D)帽型

101. 利用铠装热电偶测温具有（　　）优点。

(A)热容量大　　　　　(B)可弯曲　　　　　(C)动态响应快　　　　　(D)寿命长

102. 利用辐射温度计测温受环境影响较大，如（　　）。

(A)烟雾　　　　　(B)灰尘　　　　　(C)水蒸气　　　　　(D)二氧化碳

103. 现场检查仪表故障应遵循（　　）的原则。

(A)由大到小　　　　　(B)由表及里　　　　　(C)由简到繁　　　　　(D)偶数法则

104. 工业过程记录仪按原理可分为（　　）。

(A)自动平衡式　　　　　(B)直接驱动式　　　　　(C)长图　　　　　(D)条型

105. 工业过程记录仪按显示方式可分为（　　）。

(A)圆图　　　　　(B)模拟　　　　　(C)长图　　　　　(D)数字

106. 工业过程记录仪按记录通道的不同可分为（　　）。

(A)多通道　　　　　(B)圆图　　　　　(C)单通道　　　　　(D)条型

107. 自动调节系统的主要类型有（　　）。

(A)直接驱动系统　　　　　　　　　(B)程序调节系统

(C)随动调节系统　　　　　　　　　(D)定值调节系

108. 数字式温度仪检定时，其显示值应（　　）。

(A)清晰　　　　　(B)无叠字　　　　　(C)不缺笔画　　　　　(D)亮度均匀

109. 数字式温度仪表检定时，其部件应（　　）。

(A)无松动　　　　　(B)无破损　　　　　(C)无缺陷　　　　　(D)呈条型

110. 工业过程记录仪检定时，其记录曲线应符合（　　）要求。

(A)无断线　　　　　(B)无漏打　　　　　(C)无乱打　　　　　(D)打点清楚

111. 工业过程记录仪检定时，其记录纸不应该（　　）。

(A)呈圆形　　　　　(B)脱出　　　　　(C)歪斜　　　　　(D)褶皱

112. 压力式温度计检定时，其部件应（　　）。

(A)无松动　　　　　(B)无破损　　　　　(C)无缺陷　　　　　(D)不透明

113. 压力式温度计检定时，其刻度、数字应（　　）。

(A)透明　　　　　(B)完整　　　　　(C)清晰　　　　　(D)准确

114. 压力式温度计检定时，其指针应（　　）。

(A)移动平稳　　　　　(B)无跳动　　　　　(C)无停滞　　　　　(D)无破

115. 动圈式温度仪表检定时，其指针移动时应（　　）。

(A)平稳　　　　　(B)无卡针　　　　　(C)无摇晃　　　　　(D)无停滞

116. 电接点玻璃水银温度计的液柱不应有（　　）现象。

(A)中断　　　　　(B)自流　　　　　(C)停滞　　　　　(D)跳跃

117. 热电偶是一种（　　）。

(A)传感器　　　　　(B)仪表　　　　　(C)变送器　　　　　(D)放大器

118. 下列各项中（　　）是双金属温度计的主要组成部分。

(A)盘簧管　　　　　(B) 双金属元件　　　　　(C) 保护管　　　　　(D)度盘

119. 测量不确定度按数值的评定方法可归成哪两类。（　　）

(A)A 类不确定度　　　　　　　　　(B)B 类不确定度

(C)C类不确定度   (D)D类不确定度

120. 热电偶的保护管的材料主要有( )。

(A)瓷管   (B)不锈钢管   (C)石英管   (D)铜管

121. 双金属温度计主要有哪几种。( )

(A)盘簧管   (B)度盘双金属温度计

(C)可调角双金属温度计   (D)电接点双金属温度计

122. 双金属温度计的度盘应标有( )标志。

(A)厂名   (B)编号   (C)等级   (D)℃

123. 下列各项中( )是测量不确定度的基本报告形式(测量结果 $t=400.6℃$,扩展不确定度为 $0.2℃$,包含因子 $k=2$)。

(A)$t=400.6℃,U=0.2℃$ (B)$t=(400.6±0.2)℃$

(C)$t=400.6℃,U=0.2℃;k=2$ (D)$t=(400.6±0.2)℃;k=2$

124. 表面温度计由( )组成。

(A)表面热电偶   (B)补偿导线   (C)指示仪表   (D)偶数法则

125. 双金属温度计检定时,其刻度、数字应( )。

(A)准确   (B)完整   (C)清晰   (D) 跳跃

126. 常用的测温仪表可分为( )。

(A)接触式   (B)非接触式   (C)数字式   (D)非平衡式

127. 双金属温度计检定时,其部件应( )。

(A)无锈蚀   (B)无破损   (C)无缺陷   (D)装配牢固

128. 检定Ⅱ级 T 分度号热电偶时应检定( )℃温度点。

(A)100   (B)200   (C)300   (D)400

129. 检定直径为 1.2 毫米 E 分度号热电偶应检定( )℃温度点。

(A)100   (B)300   (C)400   (D)1 000

130. 检定直径为 2.5 毫米 E 分度号热电偶应检定( )℃温度点。

(A)50   (B)200   (C)400   (D)600

131. 表面温度计主要用于何处温度测量。( )

(A)水中   (B)油内   (C)静态物体表面   (D)动态物体表面

132. 测量不确定度主要来源于( )方面。

(A)测量设备   (B)测量环境   (C)测量人员   (D)测量方法

133. 寻找不确定度主要来源时应注意哪些方面( )。

(A)不遗漏   (B)不重复   (C) 不缺笔画   (D) 亮度均匀

134. 随机变量主要分为( )。

(A)驱动型   (B)程序调节型

(C)连续型随机变量   (D)离散型随机变量

135. R 分度号热电偶检定时,应测量( )。

(A)锌凝固点   (B)铝凝固点   (C)银凝固点   (D)铜凝固点

136. 高精密温度计的分度值包括( )。

(A)0.01   (B)0.02   (C)0.5   (D)0.05

137. 普通温度计的分度值包括（ ）。

(A)0.1 　　　　　　(B)0.2 　　　　　　(C)0.5 　　　　　　(D)2.0

138. 误差的分布规律主要包括（ ）。

(A)均匀分布 　　　(B)正太分布 　　　(C)T 分布 　　　　(D)三角分布

139. 计量检定印包括（ ）。

(A)錾印 　　　　　(B)喷印 　　　　　(C)漆封印 　　　　(D)钳印

140. 关于热电偶测温回路的三个定律是（ ）。

(A)均质导体定律 　　　　　　　　　　(B)PID 调节规律

(C)中间导体定律 　　　　　　　　　　(D)中间温度定律

141. 对热电偶参考端温度进行补偿，常用的补偿方法有（ ）。

(A)计算法 　　　　(B)调零法 　　　　(C)冰点槽法 　　　(D)双极法

142. 工业热电偶常采用比较法进行检定，比较法分为（ ）。

(A)同名极法 　　　(B)双极法 　　　　(C)冰点法 　　　　(D)微差法

143. 对热电偶进行退火的方法有（ ）。

(A)同名极法 　　　(B)双极法 　　　　(C)炉中退火 　　　(D)通电退火

144. 在辐射测温学中，视在温度有哪几类。（ ）

(A)亮度温度 　　　(B)辐射温度 　　　(C)颜色温度 　　　(D)记录温度

145. 在辐射测温学中，基本黑体辐射定律是指（ ）。

(A)颜色 　　　　　　　　　　　　　　(B)普朗克

(C)维恩位移 　　　　　　　　　　　　(D)斯蒂芬—玻尔兹曼

146. 正弦量的三要素指的是（ ）。

(A)维恩位移 　　　(B)最大值 　　　　(C)频率 　　　　　(D)初相角

147. 计量检定机构可以分为（ ）。

(A)调节 　　　　　　　　　　　　　　(B)政府

(C)法定计量检定机构 　　　　　　　　(D)一般计量检定机构

148. 电路一般由（ ）部分构成。

(A)负载 　　　　　(B)电源 　　　　　(C)连接导线 　　　(D)控制设备

149. 电流以对人体的伤害可分（ ）。

(A)热性质的伤害 　(B)化学性质的伤害 (C)生理性质 　　　(D)小型

150. 触发电路必须具备（ ）基本环节。

(A)调节信号 　　　(B)同步电压形成 　(C)脉冲形成 　　　(D)输出

151. 检定直径为 1.0 mm 镍铬—镍硅热电偶应检定（ ）℃温度点。

(A)400 　　　　　　(B)600 　　　　　　(C)800 　　　　　　(D)1 000

152. 检定直径为 1.2 毫米 K 分度号热电偶应检定（ ）℃温度点。

(A)400 　　　　　　(B)600 　　　　　　(C)800 　　　　　　(D)1 000

153. 检定 PT100 分度号工业热电阻应检定（ ）℃温度点。

(A)400 　　　　　　(B)600 　　　　　　(C)0 　　　　　　　(D)100

154. 检定 CU50 分度号工业热电阻应检定（ ）℃温度点。

(A)400 　　　　　　(B)600 　　　　　　(C)0 　　　　　　　(D)100

155. 检定直径为 0.5 毫米 J 分度号热电偶应检定( )℃温度点。

(A)400 (B)100 (C)200 (D)300

四、判 断 题

1. 计量的定义是实现单位统一、量值准确可靠的活动。( )

2. 计量是对"量"的定性分析和定量确认的过程。( )

3. 以确定量值为目的的一组操作称为测量。( )

4. 标称范围两极限之差的模称为量程。( )

5. 灵敏度是指测量仪器响应的变化除以对应的激励变化。( )

6. 稳定性是测量仪器保持其计量特性随时间恒定的能力。( )

7. 稳定性是科学合理的确定检定周期的重要依据之一。( )

8. 稳定性是测量仪器保持其计量特性的能力。( )

9. 测量结果是指由测量所得到的赋予被测量的值。( )

10. 测量准确度是测量结果与被测量真值之间的一致程度。( )

11. 漂移是测量仪器计量特性的变化。( )

12. 重复性是指在相同测量条件下,对同一被测量进行连续多次测量所得结果之间的一致性。( )

13. 重复性是指在相同测量条件下,对同一被测量进行测量所得结果之间的一致性。( )

14. 重复性可以用测量结果的分散性定量地表示。( )

15. 复现性是指在改变了的测量条件下,同一被测量之间的一致性。( )

16. 测量不确定度由多个分量组成。( )

17. 计量检定的目的是确保检定结果的准确,确保量值的溯源性。( )

18. 检定结论是要确定该计量器具是否准确。( )

19. 准确度是计量器具的基本特征之一。( )

20. 对应两相邻标尺标记的两个值之差称为分度值。( )

21. 量的真值只有通过完善的测量才有可能获得。( )

22. 在给定的一贯单位制中,每个基本量只有一个基本单位。( )

23. 日、时、分为时间的 SI 制单位。( )

24. 量值溯源有时也可将其理解为量值传递的逆过程。( )

25. 检定具有法制性,其对象是法制管理范围内的计量器具。( )

26. 不合格通知书是声明计量器具不符合要求的文件。( )

27. 校准的依据是校准规范或标准方法。( )

28. 校准主要用于确定计量器具的示值误差。( )

29. 校准不具法制性,是企业自愿溯源的行为。( )

30. 校准的依据是检定规程或校准方法。( )

31. 校准不判断测量器具的合格与否。( )

32. 计量法是国家管理计量工作,实施计量法制监督的最高准则。( )

33. 个体工商户可以制造、修理计量器具。( )

34. 实行统一立法,区别管理的原则是我国计量法的特点之一。( )

35. 国务院计量行政部门对全国计量工作实施监督管理。（　　　）

36. 计量器具新产品定型鉴定由省级法定计量检定机构进行。（　　　）

37. 实际用以检定计量标准的计量器具是计量基准。（　　　）

38. 实际用以检定计量标准的计量器具是工作基准。（　　　）

39. 社会公用计量标准对社会上实施计量监督具有公证作用。（　　　）

40. 对计量标准考核的目的是确定其准确度。（　　　）

41. 对计量标准考核的目的是确认其是否具有开展量值传递的资格。（　　　）

42. 计量器具在检定周期内抽检不合格的,发给检定结果通知书。（　　　）

43. 计量检定人员有伪造检定数据的,给予行政处分;构成犯罪的依法追究刑事责任。
（　　　）

44. 法定计量单位是由国家法律承认的一种计量单位。（　　　）

45. 相对误差是相对于被检定点的示值而言,是随示值而变化的。（　　　）

46. 测量结果与在重复性条件下,对同一被测量进行无限多次测量所得结果的平均值之差称为随机误差。（　　　）

47. 系统误差及其原因不能完全获知。（　　　）

48. 系统误差修正后的结果称为已修正结果。（　　　）

49. 影响量是指不是被测量但对测量结果有影响的量。（　　　）。

50. 修正值等于负的系统误差。（　　　）

51. 国务院计量行政部门对全国计量工作实施统一的监督管理。（　　　）

52. 计量确认这一定义来源于国际标准 ISO 10012-1。（　　　）

53. SI 是国际单位制的国际通用符号。（　　　）

54. 在直流电路中,把电流流出的一端叫电源的正极。（　　　）

55. 两根平行的直导线同时通入相反方向的电流时,相互吸引。（　　　）

56. 电容器具有阻止交流电通过的能力。（　　　）

57. 只有当稳压电路两端的电压大于稳压管击穿电压时,才有稳压作用。（　　　）

58. 由二极管的特性曲线可以看出,当二极管的反向电压增加时,反向饱和电流也随之增加。（　　　）

59. 三极管中断开任意一脚,剩下的两个电极都能作为二极管使用。（　　　）

60. 半导体三极管有三种工作状态,即放大状态、截止状态和饱和状态。（　　　）

61. 用万用表大致判别三极管的好坏时,如果集电极—发射极间反向电阻偏小,说明管子质量不太好。（　　　）

62. 在绝缘栅型场效应管中,漏极电流是受栅压控制的,它是利用表面场效应而工作的。
（　　　）

63. 双稳态电路的翻转条件是两级正反馈放大电路的放大倍数大于1。（　　　）

64. 温度是表征物体冷热程度的物理量。（　　　）

65. 温度是表征物体热胀冷缩的程度。（　　　）

66. 温度概念的建立及温度的测量都是以热平衡现象为基础的。（　　　）

67. 国际上公认的最准确的温度是华氏温度。（　　　）

68. 国际上公认的最准确的温度是热力学温度。（　　　）

69. 温度是反映分子无规则热运动的激烈程度。( )

70. 一切互为热平衡的物体系必有相同的温度。( )

71. 以热力学第二定律为基础的温标称为热力学温标。( )

72. 温标是温度的量值的表示法。( )

73. 热力学温标是以卡诺定理为基础的。( )

74. 经验温标具有局限性和任意性两个缺点,因而是不科学的。( )

75. 目前我国采用的温标是 ITS-90。( )

76. 目前我国采用的温标是 IPTS-68。( )

77. 热力学温标通常是用气体温度计来实现的。( )

78. 热力学温度的单位为开尔文,符号为 t。( )

79. 热力学温度(符号为 T)和摄氏温度(符号为 t)之间的关系式为:$t/℃ = T/K + 273.15$。( )

80. 水三相点的温度为 $0.01℃$ 或 $273.16\ K$。( )

81. 水三相点的温度为 $0.1℃$ 或 $273.15\ K$。( )

82. 水三相点温度,用摄氏温度表示为 $0.1℃$,换算成热力学温度为 $273.15\ K$。( )

83. 热力学温度的起点是绝对零度。( )

84. 摄氏温度的起点是 $0\ ℃$。( )

85. 摄氏温度的起点是冰点。( )

86. 摄氏温度的定义为:$t = T - 273.15\ K$。( )

87. 国际实用温标是最准确的温标。( )

88. 热力学温标是最准确的温标。( )

89. 冰点的开尔文温度为 $273.15\ K$。( )

90. 冰点的开尔文温度为 $273.16\ K$。( )

91. 摄氏温度的单位为摄氏度(℃),它的大小等于开尔文。( )

92. 热力学温度的单位为开尔文,符号为 K。( )

93. 玻璃液体温度计用感温液体主要有水银和有机液体。( )

94. 用局浸式温度计测温时,若露液的平均温度与检定时不同,应对示值进行修正。( )

95. 恒温槽的工作区域是标准器的感温部分所触及的范围。( )

96. 在同一个测量温度下,当玻璃液体温度计的内压相对减小时,会导致它的示值降低。( )

97. 双金属温度计的重复性检定在周期检定时同时进行。( )

98. 双金属温度计的示值稳定性检查只对出厂产品进行。( )

99. 双金属温度计的抗震性能检查只对出厂产品定期抽样进行。( )

100. 双金属温度计示值检定方法不同于普通工作用玻璃液体温度计的检定方法。( )

101. 压力式温度计的指针应伸入标尺最短分度线的 $1/2 \sim 1/3$ 内。( )

102. 压力式温度计的指针与分度表盘平面间的距离应在 $1 \sim 3\ mm$ 范围内。( )

103. 压力式温度计表盘上应标有国际实用温标摄氏度的符号(℃)。( )

104. 压力式温度计表盘上应标有国际实用温标摄氏度的符号"t"。（　　）

105. 蒸气压力式温度计的准确度等级是指标尺的后 2/3 部分而言,标尺的前 1/3 部分的准确度等级允许降低一个等级。（　　）

106. 半导体热敏电阻与金属热电阻相比,它的主要优点是电阻温度系数较大,故灵敏度高。（　　）

107. 检定热电阻时,通过热电阻的电流不应大于 1 mA。（　　）

108. 铂热电阻的铂丝应力通常会引起 α 值的上升。（　　）

109. 只有不同的金属导体或合金材料才能构成热电偶,相同材料不能构成热电偶。（　　）

110. 热电偶回路中的热电势与温度的关系称为热电偶的热电特性。（　　）

111. E 型、J 型、T 型三种热电偶的负极都是铜镍合金材料,所以在使用中可以互换。（　　）

112. 热电偶回路中总的热电势的大小不仅与组成热电偶的材料及两端温度有关,而且与热电偶的长度也有关。（　　）

113. 铂铑$_{30}$—铂铑$_6$ 热电偶参考端在 0～50 ℃ 范围内可以不用补偿导线。（　　）

114. 连接导体定律为热电偶在工业测温中,应用补导线提供了理论基础。（　　）

115. 连接导体定律为使用分度表奠定了理论基础。（　　）

116. 中间温度定律为使用分度表奠定了理论基础。（　　）

117. 中间温度定律为热电偶在工业测温中应用补偿导线提供了理论基础。（　　）

118. 补偿导线的作用只是延长了热电极,它并不能消除参考端温度不为 0 ℃ 时的影响。（　　）

119. 各种补偿导线只能与相应型号的热电偶配用,且极性不可接错。（　　）

120. 参考端温度补偿器一般是用在热电偶与测温仪表配套的电路中使用。（　　）

121. 参考端温度补偿器一般是用在热电偶与动圈式显示仪表配套的电路中使用。（　　）

122. 检定廉金属热电偶用的多点转换开关,寄生电势不应大于 0.5 μV。（　　）

123. 在检定廉金属热电偶时,读数应迅速准确,时间间隔应相近,测量读数不应少于 3 次。（　　）

124. 检定贵金属热电偶用的多点转换开关,寄生电势不应大于 0.5 μV。（　　）

125. 检定工作用热电偶应选用 0.05 级低电势直流电位差计。（　　）

126. 新制和使用中的热电偶必须进行退火,以提高热电偶的稳定性。（　　）

127. 对廉金属热电偶退火可以采用通电退火,也可采用在炉中进行退火。（　　）

128. 对热电偶进行退火,温度越高时间越长越好。（　　）

129. 贵金属热电偶和廉金属热电偶的退火可在同一炉内进行。（　　）

130. 辐射温度计测出的温度是被测物体的表面温度。（　　）

131. 实际物体的辐射温度大于真实温度。（　　）

132. 在各种辐射测温法中,准确度最高的是亮度测温法。（　　）

133. 亮度测温法的理论基础是普朗克辐射定律。（　　）

134. 热辐射温度计是以物体的辐射强度与温度成一定关系为基础的。（　　）

135. 热辐射温度计是以物体的辐射强度与温度成一定函数关系为基础的。（　　）

136. 辐射感温器是利用普朗克辐射定律为理论基础的温度计。（　　）

137. 辐射感温器是利用斯蒂芬—玻尔兹曼全辐射定律为理论基础的温度计。（　　）

138. 动圈式温度仪表实质上是一种磁电式直流电流表。（　　）

139. 动圈仪表指针偏转角的大小与通过动圈的电流成正比。（　　）

140. 动圈式温度仪表是工业过程测量和控制系统中广泛采用的一种模拟式简易仪表。（　　）

141. 动圈仪表与热电偶配接时,外线电阻的测定和补足工作很重要,否则将产生大的测量误差。（　　）

142. 对分度号为 S 的动圈温度仪表,在调整外线路电阻时,不能以冷却状态下的热电偶阻值为依据。（　　）

143. 断偶保护电路对热电偶有分流作用,因此对测量精度有影响。（　　）

144. 检定带断偶保护电路的动圈仪表应通电检定。（　　）

145. 配热电偶用的动圈仪表还应检定"断偶保护"一项。（　　）

146. 修理后配热电偶用的动圈仪表需增加检定其"内阻"。（　　）

147. 修理后的动圈式温度仪表的绝缘强度可不检定。（　　）

148. 使用中的动圈式温度仪表的绝缘电阻可不检定。（　　）

149. 检定配热电偶的动圈温度仪表,可以直接用电位差计给仪表输入信号。（　　）

150. 用热电阻测量温度时,其阻值的变化可以用平衡电桥和不平衡电桥进行测量。（　　）

151. 配热电阻的动圈仪表的实际测量电路,它是由平衡电桥、动圈式指示仪表、稳压电源组成。（　　）

152. 被测温度越高,电桥输出的不平衡电压越大,流过动圈的电流就越大,仪表指针的偏转角度也越大。（　　）

153. 热电阻接入测量桥路的方式常采用三线制,这种连接方法可以消除连接导线电阻对测量结果的影响。（　　）

154. 即使采用了三线制接法,连接导线电阻也不宜过大,所以在 XC 系列仪表中规定连接导线电阻为 10 Ω。（　　）

155. 根据不平衡电桥原理可知,桥路电源电压的波动对仪表的测量精度影响不大。（　　）

156. 具有参考端温度自动补偿的 XW 系列自动平衡记录仪应采用补偿导线法进行检定。（　　）

157. 二等标准铂电阻温度计不能作为工作用玻璃液体温度计的计量标准。（　　）

158. 用于检定工作用廉金属热电偶的低电势直流电位差计准确度不低于 0.05 级。（　　）

159. XW 系列自动平衡记录仪的计量标准器是 UJ33a 直流电位差计,准确度为 0.05 级。（　　）

160. 标准水槽的使用范围是 0 至 300 ℃。（　　）

161. 油槽的工作温度必须比油的闪点低。（　　）

162. 配阻动圈式温度仪表的计量标准是直流电阻箱,一般为 0.02 级。（　　）

163. 检定系统是国家对工作计量器具的检定主从关系所作的技术规定。（　　）
164. 量值传递是指国家将基准所复现的计量单位量值传递给各级计量标准。（　　）
165. XW 系列自动平衡记录仪检定时，我们可以用兆欧表测量仪表的绝缘强度。（　　）
166. 动圈式温度仪表中，反作用力矩是靠动圈在磁场中运动产生的。（　　）
167. 动圈式温度仪表安装地点应无强磁场。（　　）
168. XW 系列自动平衡记录仪信号输入端短路时，仪表指针将指向仪表上限。（　　）
169. 分度值为 1 ℃的电接点玻璃水银温度计检定时，每个检定点可读数两次。（　　）
170. 对于电接点玻璃水银温度计的检定，实际温度即等于标准水银温度计的示值。（　　）

五、简 答 题

1. 什么叫量值传递？
2. 什么叫溯源性？
3. 什么叫国家计量检定系统表？
4. 什么叫计量器具的校准？
5. 计量标准的使用必须具备哪些条件？
6. 计量检定人员的职责是什么？
7. 测量误差的来源可从哪几个方面考虑？
8. 按数据修约规则，将下列数据修约到小数点后 2 位。
(1)3.141 59　　　　　修约为_____
(2)2.715　　　　　　修约为_____
(3)4.155　　　　　　修约为_____
(4)1.285　　　　　　修约为_____
9. 常用的晶体管整流电路有哪几种？
10. 什么叫测量误差？
11. 什么叫修正值？
12. 什么是安全电压？其额定值是如何划分的？
13. 适用于电气灭火的消防器材有哪几种？
14. 何谓温度？
15. 何谓热力学温度？
16. 何谓摄氏温度？摄氏温度与热力学温度是怎样的关系？
17. 何谓温标？建立温标的必备条件是什么？
18. 什么是热力学温标？
19. 什么是国际温标？它所具有的三个基本特点是什么？
20. ITS-90 与 IPTS-68 相比有哪些变化？
21. 什么叫检定规程？
22. 何谓热力学第一定律？
23. 何谓热平衡？温度计能够测量温度的依据是什么？
24. 已知摄氏温度 $t = 37℃$，计算相应的热力学温度 T 是多少？
25. 简述玻璃液体温度计的结构与工作原理是什么。

26. 何谓玻璃液体温度计的中间泡？它的主要作用是什么？

27. 何谓玻璃液体温度计的安全泡？它的主要作用是什么？

28. 玻璃液体温度计是如何分类的？

29. 使用玻璃液体温度计测量温度时的重要误差来源有哪些？

30. 什么叫玻璃液体温度计"零点的永久性上升"？

31. 如何处理玻璃液体温度计的"断柱"现象？

32. 何谓物质的平均体膨胀系数？

33. 何谓玻璃液体温度计的视体胀系数？

34. 从测温时的温度计与被测介质的相对位置来区分，温度测量方法有几种形式？并简述它们的测温方法。

35. 双金属温度计的测温原理及特点是什么？

36. 简述压力式温度计的测温原理是什么。

37. 电阻温度计的工作原理及特点是什么？

38. 简述工业热电阻的结构。

39. 简述铠装热电阻的特点。

40. 标准铂电阻温度计与工业用铂电阻的主要区别是什么？

41. 简述热电偶的测温原理。

42. 热电偶产生热电动势必须具备的条件是什么？

43. 关于热电偶测温回路的三个定律是什么？

44. 什么叫热电偶的稳定性？影响热电偶稳定性的主要因素有哪些？

45. 简述关于热电偶测温的中间温度定律。

46. 使用热电偶进行温度测量的主要优点有哪些？

47. XW 系列自动平衡记录仪中变流器的作用是什么？

48. 铠装热电偶与普通热电偶比较有哪些特点？

49. 热电偶为什么要进行周期检定？

50. 用热电偶进行温度测量时，为什么要使用补偿导线？

51. 使用补偿导线时应注意些什么？

52. 在使用参考端温度补偿器时应注意些什么？

53. 何谓热辐射？热辐射有何特点？

54. 普通热电偶由哪三部分组成？

55. 什么是量程？

56. 什么叫检定？

57. 具有参考端温度自动补偿的自动平衡记录仪应采用什么方法进行检定？

58. XW 系列自动平衡记录仪是采用什么方法来测量被测电动势的？

59. 热电偶产生热电势必须具备哪两个条件？

60. 配接热电偶动圈式温度仪表的外线路电阻包括哪几部分？

61. 算术平均值的定义是什么？

62. 廉金属热电偶检定时，对热电偶测量端的外观有什么要求？

63. 强制检定的计量器具包括哪些方面？

64. 压力式温度计的主要技术指标包括哪些？

65. 普通玻璃液体温度计检定时应读数多少次？

66. 压力式温度计主要由哪三部分组成？

67. 电子电位差计的桥路和自动平衡电桥的测量桥路有何区别？

68. 常用热电偶的测量端焊接方法有哪几种？对焊点有什么要求？

69. 为什么要定期清洗自动平衡记录仪中的滑线电阻？如何清洗？

70. 什么是量值传递？

六、综　合　题

1. 用水银作玻璃液体温度计感温液体的主要优点有哪些？

2. 使用玻璃液体温度计应注意的事项有哪些？

3. 何谓玻璃液体温度计示值的比较法检定？它有什么优缺点？

4. 对检定玻璃液体温度计用的恒温槽有哪些基本要求？

5. 如何正确使用压力式温度计？

6. 检定压力式温度计外观检查的技术要求是如何规定的？

7. 什么叫可逆电机？

8. 简述对热电阻材料的要求有哪些？

9. 使用热电偶测量温度时，引起误差的主要原因有哪些？

10. 什么是影响热电偶测温的动态误差，减小动态误差常用哪些方法？

11. 安装热电偶时应遵守的原则是什么？

12. 什么是"双极法"？"双极法"检定热电偶的特点是什么？

13. 什么是"同名极"法？"同名极法"检定热电偶的特点是什么？

14. 什么是"微差法"？"微差法"检定热电偶的特点是什么？

15. 对检定工业用热电偶的检定炉有哪些技术要求？

16. 摄氏温标是如何定义的？

17. 简述自动平衡记录仪（XW 系列）的测温原理。

18. 试述动圈式温度仪表的测温原理。

19. 检定配热电偶动圈仪表时，为什么必须用调压箱对仪表输入直流电压信号？

20. 某 0.50 级自动平衡记录仪，分度号 K，测量范围 0～800 ℃，对其进行 400 ℃ 设定点误差检定时，上、下切换值分别为 16.357 mV、16.377 mV，被检设定点名义值为 16.397 mV。此仪表 400 ℃ 的设定点误差是多少？

21. 摄氏温度 $t = 37$ ℃，相应的热力学温度和华氏温度各是多少？

22. 用热电偶测量温度时，为什么要进行冷端温度补偿？

23. 新制或使用中的热电偶为什么必须进行退火？

24. 确定电子电位差计有故障后，如何判断是放大器的故障？

25. 我们用一支分度号为 K 的热电偶测量工业炉炉温，其参考端温度为 40 ℃，用数字电压表测得热电偶的热电势为 24.905 mV，（查表得 24.905 相当于 600 ℃）试求炉温？

26. 在使用参考端温度补偿器时应注意些什么？

27. 辐射测温方法有哪几种？

28. 什么叫黑体和灰体？二者的共同点和区别是什么？

29. 试述数字式温度指示调节仪有哪些特点。

30. XW 系列自动平衡记录仪中滑线电阻有什么作用？

31. 用光学高温计测温,影响准确度的因素有哪些？

32. 接触法测量温度应注意哪些事项？

33. 电子电位差计的组成及工作原理是什么？

34. 某 0.5 级自动平衡记录仪,分度号为 K,对 400 ℃点检定时,上行程标准器示值为 16.447 mV、16.437 mV、16.459 mV;下行程标准器为 16.367 mV、16.361 mV、16.371 mV。在 400℃点测得上、下切换值分别为 16.367 mV、16.397 mV。(仪表 400 ℃点刻度线的标称电量值为 16.397 mV)求此仪表 400 ℃点的指示基本误差是多少？回程误差是多少？设定点误差是多少？

35. 电子电位差计的安装使用应注意哪些问题？

热工计量工(中级工)答案

一、填空题

1. 测量	2. 辅助设备	3. 规定极限	4. 被测量
5. 能力	6. 最小的	7. 被测量	8. 测量结果
9. 真值	10. 连续多次	11. 测量结果之间	12. 全部工作
13. 量值的统一	14. 分散性	15. 定量确定	16. 测量单位
17. 比较链	18. 查明和确认	19. 时间间隔	20. 满意结果
21. 自愿溯源	22. 示值误差	23. 申请检定	24. 计量标准
25. 省级以上	26. 许可证制度	27. 简易的	28. 法律关系
29. 最高准则	30. 统一监督管理	31. 法定	32. 计量基准
33. 计量标准	34. 主持考核合格	35. 计量检定证件	36. 法律效力
37. 注销	38. 1 000 元	39. 国际单位制	40. 法令
41. SI	42. 秒	43. kg	44. dB
45. 计量单位	46. 绝对误差	47. 方法误差	48. 真值
49. 无限多次	50. 特定值	51. 电流	52. 负载
53. 反向击穿	54. 初相角	55. 移相	56. 非门
57. A/D	58. 生理性质	59. 触电	60. 2.5
61. 劳动保护用具	62. 电压系列	63. 冷热程度	64. 热运动
65. 热力学温度	66. 热平衡	67. 热平衡状态	68. 热平衡
69. 不能相加	70. 热平衡	71. 对流	72. 温标
73. 经验温标	74. 热力学	75. 国际协定性	76. ITS-90
77. 气体温度计	78. 绝对温度	79. K	80. 1/273.16
81. 平衡温度	82. 273.16	83. 固态	84. 0.01 ℃
85. 绝对零度	86. 冰点	87. ℃	88. 摄氏度
89. 373.15 K	90. 273.15	91. 开尔文	92. 热膨胀
93. 棒式	94. 有机液体	95. 全浸式	96. 工作
97. 贝克曼	98. 15 个	99. 0.1 ℃	100. 读数望远镜
101. 无汞害	102. 1/4～3/4	103. 出厂产品	104. 不定期
105. 70	106. 100	107. 600	108. 弹簧管
109. 全部浸入	110. 充气式	111. 后 2/3	112. 一个
113. 片状	114. 非线性	115. 低温	116. 0.04
117. 材料的性质	118. 热电特性	119. 接触电势	120. 热电动势
121. 8	122. 贵廉	123. 铠装	124. 中间导体

125. 1 300　　126. 中性介质　　127. 1 600　　128. 更为稳定

129. 理论基础　　130. 理论基础　　131. 2　　132. 表面热电偶

133. 固体表面　　134. 桥路补偿　　135. 气象温度计　　136. 1/2

137. 任意两点　　138. 某一水平面　　139. 稳定性　　140. 100 MΩ·m

141. 1 μV　　142. 比较法　　143. 微差　　144. 同名极法

145. 稳定性　　146. 通电退火　　147. 退火质量　　148. 热辐射

149. 颜色(比色)　　150. 普朗克辐射　　151. 恒定亮度　　152. 修正

153. 普朗克　　154. 查表　　155. 函数　　156. 辐射

157. 理论基础　　158. 磁电式　　159. 温度补偿　　160. 热敏电阻

161. 不平衡电桥　　162. 稳压电源　　163. 5±0.01　　164. ±0.1 Ω

165. 上限

二、单项选择题

1. B	2. C	3. A	4. D	5. B	6. D	7. D	8. D	9. A
10. A	11. D	12. A	13. C	14. C	15. D	16. C	17. D	18. D
19. A	20. B	21. D	22. B	23. D	24. B	25. C	26. D	27. B
28. C	29. B	30. C	31. D	32. A	33. C	34. C	35. C	36. B
37. A	38. C	39. A	40. B	41. B	43. B	43. C	44. B	45. B
46. D	47. B	48. B	49. C	50. C	51. B	52. D	53. B	54. A
55. A	56. D	57. D	58. D	59. A	60. D	61. B	62. C	63. D
64. C	65. B	66. B	67. B	68. B	69. B	70. D	71. D	72. D
73. C	74. B	75. B	76. B	77. C	78. D	79. C	80. B	81. B
82. C	83. B	84. B	85. C	86. D	87. B	88. B	89. C	90. A
91. C	92. D	93. D	94. B	95. D	96. C	97. B	98. C	99. C
100. B	101. A	102. C	103. B	104. B	105. C	106. B	107. B	108. B
109. A	110. C	111. B	112. A	113. A	114. B	115. B	116. B	117. C
118. C	119. C	120. B	121. C	122. B	123. D	124. C	125. B	126. D
127. D	128. D	129. D	130. D	131. D	132. B	133. B	134. C	135. C
136. C	137. B	138. C	139. C	140. B	141. B	142. B	143. B	144. B
145. A	146. C	147. D	148. B	149. D	150. B	151. D	152. C	153. D
154. C	155. A	156. A	157. B	158. B	159. B	160. A	161. B	162. D
163. B	164. A							

三、多项选择题

1. AC	2. AC	3. ABC	4. ABC	5. BCD	6. ABCD	7. CD
8. BC	9. ABC	10. ABCD	11. ABCD	12. ABC	13. CD	14. ABD
15. CD	16. ABC	17. AB	18. AB	19. BCD	20. ABC	21. BCD
22. ABC	23. BCD	24. ABCD	25. AB	26. ABC	27. AC	28. ACD
29. ABC	30. ABD	31. BCD	32. ABCD	33. AB	34. ABC	35. BC

36. AD　　37. AC　　38. BC　　39. ABCD　40. ABCD　41. ABCD　42. BCD

43. ABCD　44. ABC　45. ABC　46. AC　　47. ABC　48. CD　　49. ABCD

50. AB　　51. AC　　52. BCD　53. BCD　54. ABC　55. AB　　56. ACD

57. BCD　58. ABCD　59. BCD　60. ABCD　61. ABCD　62. BCD　63. AB

64. ABC　65. AB　　66. ABCD　67. ABCD　68. ABC　69. AB　　70. ABC

71. BCD　72. ABC　73. BC　　74. ABCD　75. ABC　76. ABD　77. BC

78. ABC　79. ACD　80. BCD　81. AB　　82. BCD　83. ABCD　84. ABC

85. ABCD　86. BC　　87. BC　　88. AB　　89. ABCD　90. ABCD　91. ABC

92. ABCD　93. BCD　94. ABCD　95. ABD　96. ABCD　97. ABC　98. ABCD

99. AB　　100. ABC　101. ABD　102. ABCD　103. BC　　104. AB　　105. BC

106. BCD　107. BCD　108. ABCD　109. BCD　110. ABCD　111. AB　　112. ABC

113. BC　　114. ACD　115. ABC　116. ABCD　117. ABCD　118. BCD　119. ABCD

120. ABCD　121. CD　122. ABCD　123. CD　124. ABC　125. ABC　126. BCD

127. ABCD　128. ABC　129. ABC　130. BCD　131. CD　132. ABCD　133. AB

134. CD　135. ABCD　136. ABD　137. ABCD　138. ABCD　139. ABCD　140. ACD

141. ABC　142. ABD　143. CD　144. ABC　145. BCD　146. BCD　147. CD

148. ABCD　149. ABC　150. BCD　151. ABC　152. ABCD　153. CD　　154. CD

155. BCD

四、判 断 题

1. √　　2. √　　3. √　　4. √　　5. √　　6. √　　7. √　　8. ×　　9. √

10. √　11. ×　12. √　13. ×　14. √　15. ×　16. √　17. ×　18. ×

19. √　20. √　21. √　22. √　23. √　24. √　25. √　26. ×　27. √

28. √　29. √　30. ×　31. √　32. √　33. √　34. √　35. ×　36. ×

37. ×　38. √　39. √　40. ×　41. √　42. ×　43. √　44. ×　45. √

46. √　47. √　48. ×　49. √　50. √　51. √　52. √　53. √　54. √

55. ×　56. ×　57. √　58. ×　59. ×　60. √　61. √　62. √　63. √

64. √　65. ×　66. √　67. ×　68. √　69. √　70. √　71. √　72. √

73. ×　74. √　75. √　76. ×　77. √　78. ×　79. ×　80. √　81. ×

82. ×　83. √　84. ×　85. ×　86. √　87. ×　88. √　89. √　90. ×

91. √　92. √　93. √　94. ×　95. ×　96. ×　97. ×　98. ×　99. √

100. ×　101. ×　102. √　103. √　104. ×　105. √　106. √　107. √　108. ×

109. √　110. √　111. ×　112. √　113. √　114. √　115. ×　116. √　117. ×

118. √　119. √　120. ×　121. √　122. ×　123. √　124. √　125. ×　126. √

127. √　128. ×　129. ×　130. √　131. √　132. √　133. √　134. ×　135. √

136. ×　137. √　138. √　139. √　140. √　141. √　142. √　143. ×　144. √

145. √　146. √　147. ×　148. ×　149. ×　150. √　151. ×　152. √　153. √

154. ×　155. ×　156. √　157. ×　158. ×　159. √　160. √　161. √　162. √

163. ×　164. ×　165. ×　166. ×　167. √　168. ×　169. √　170. ×

五、简 答 题

1. 答:量值传递是通过对计量器具的检定或校准将国家基准所复现的计量单位量值,通过各等级计量标准传递到工作计量器具,以保证对被测对象量值的准确和一致(5分)。

2. 答:通过一条具有规定不确定度的不间断的比较链,使测量结果或测量标准的值能够与规定的参考标准,通常是与国家测量标准或国际测量标准联系起来的特性(5分)。

3. 答:国家对计量基准到各等级的计量标准直至工作计量器具的检定主从关系所作的技术规定(5分)。

4. 答:在规定条件下,为确定测量仪器或测量系统所指示的量值,或实物量具或参考物质所代表的量值,与对应的由标准所复现的量值之间关系的一组操作(5分)。

5. 答:(1)经计量检定合格(2分);

(2)具有正常工作所需要的环境条件(1分);

(3)具有称职的保存、维护、使用人员(1分);

(4)具有完善的管理制度(1分)。

6. 答:(1)正确使用计量基准或计量标准并负责维护、保养,使其保持良好的技术状况(2分)。

(2)执行计量技术法规,进行计量检定工作(1分)。

(3)保证计量检定的原始数据和有关技术资料的完整(1分)。

(4)承办政府计量部门委托的有关任务(1分)。

7. 答:可从设备(1分)、环境(1分)、方法(1分)、人员(1分)和测量对象(1分)几个方面考虑。

8. 答:(1)3.14(2分);(2)2.72(1分);(3)4.16(1分);(4)1.28(1分)。

9. 答:常用的晶体管整流电路有:(1)半波整流电路(2分);(2)全波整流电路(1分);(3)桥式整流电路(1分);(4)信压整流以及特殊整流电路等(1分)。

10. 答:测量结果减去被测量的真值叫测量误差(5分)。

11. 答:用代数法与未修正测量结果相加,以补偿其系统误差的值叫修正值(5分)。

12. 答:安全电压是为防止触电事故而采用的由特定电源供电的电压系列(2分)。

安全电压的额定值为 42 V、36 V、24 V、12 V、6 V(3分)。

13. 答:适用于电气灭火的消防器材有二氧化碳灭火器(2分)、四氯化碳灭火器(1分)、1211 灭火器(1分)和化学干粉等(1分)。

14. 答:温度的定义是以热力学中热平衡定律为基础的,是表征物体冷热程度的物理量(3分)。它的微观概念是表示物体内部分子无规则热运动的激烈程度(2分)。

15. 答:按热力学原理所确定的温度称为热力学温度(2分)。它是唯一既能统一又能描述热力学性质和现象的温度(2分)。它的测定是建立现行国际温标的基础(1分)。

16. 答:摄氏温度是以热力学温度与比水三相点低 0.01 K 的热状态之差所表示的温度,符号为 t(3分)。t 与热力学温度 T 的关系式为:$t = T - 273.15$ K(2分)。

17. 答:为了定量表示物体的冷热程度,用数值表示温度的方法称为温标(2分)。

(1)建立温标的必备条件是:确定测温仪器(1分)。确定测温仪器的实质是确定测温质和测温量。

(2)确定固定温度点(1分)。利用一些物质的"相"平衡温度作为温标基本点,并给以确定的数值(1分)。

(3)确定温标方程(1分)。用来确定各固定点之间任意点温度数值的数学关系式。

18. 答:以热力学第二定律为基础的温标称为热力学温标(3分)。其温度值与工作物质无关,这样定义的温标为热力学温标(2分)。

19. 答:国际实用温标是根据现代科学技术,最大限度地接近热力学温标的一种国际协定性温标(2分)。三个基本特点是:

(1)尽可能和热力学温标一致(1分)。

(2)复现精度高,能够在世界各国准确而方便地得到复现,以保证温度的量值统一(1分)。

(3)规定的温度计用起来方便,易于复现(1分)。

20. 答:主要有以下几点变化:

(1)温标下限有所延伸(2分)。

(2)固定温度点由 13 个增加到 17 个,而且数值多有变化(1分)。

(3)温标的内插仪器由铂电阻温度计取代了热电偶(1分)。

(4)温标方程做了进一步的简化(1分)。

21. 答:检定计量器具时,必须遵守的法定技术文件(5分)。

22. 答:如果两个热力学系统中每个系统都与第二个系统处于热平衡,则它们彼此也必定处于热平衡。这就是热力学第一定律(3分)。它是热力学的基本定律之一,又称为热平衡定律,是测温学的基础(2分)。

23. 答:当物体吸收的热量等于放出的热量,物体各部分都具有相同的温度时,物体呈热平衡(1分);或两个以及多个物体之间,通过热量交换,彼此都具有相同的温度时,物体呈热平衡(1分)。温度计能够测量温度的依据是:一切互为热平衡的物体都具有相同的温度(3分)。

24. 答:根据摄氏温度 t 与热力学温度 T 的关系式:$t = T - 273.15\ \mathrm{K}$

得,$T = t + 273.15\ \mathrm{K} = 37 + 273.15\ \mathrm{K} = 310.15\ \mathrm{K}$(5分)。

25. 答:玻璃液体温度计的工作原理是基于液体在透明玻璃外壳中的热膨胀作用(2分)。当温度变化时,液体和贮囊体积随之发生变化。因此,毛细管中液体柱的弯月面也就随之升高或降低,通过温度标尺即可读出不同的温度数值(2分)。它是由液体贮囊与毛细管熔接而成(1分)。

26. 答:中间泡处在主刻度标尺的上部或下部的毛细管内径扩大部位(1分)。

中间泡的作用:

(1)容纳温度计感温液的视膨胀体积,可大大缩短温度计的长度(1分)。

(2)能够在主刻度标尺以外的选定部位增添辅刻度标尺(1分)。

(3)防止感温液的视膨胀体积过多地处在安全泡内,避免断节(1分)。

(4)防止感温液在较高温度下缩入感温泡内,避免窝入气泡(1分)。

27. 答:安全泡。处在温度计玻璃毛细管顶部的内径扩大部位(2分)。

安全泡的作用:

(1)容纳温度计偶然过热时的感温液的膨胀体积,以避免温度计损坏(1分)。

(2)便于升接中断的感温液柱(1分)。

(3)对于上限温度较高的温度计,安全泡的大小还能够控制其内压达到预定的数值(1分)。

28. 答:按基本结构型式不同可以分为棒式(2分)、内标式(2分)和外标式(1分)三种。

29. 答:重要误差来源有:

(1)由视差引起的读数误差(1分)。

(2)标尺位移造成的读数误差(1分)。

(3)液柱升降过程中带来的误差(1分)。

(4)非线性误差(1分)。

(5)零点位移造成的误差(1分)。

30. 答:玻璃液体温度计在制造时虽然经过退火处理,但其感温泡仍然会随着时间的增长而收缩。从而引起温度计零点的升高,这种零点升高不能得以恢复,故称为零点的永久性上升(5分)。

31. 答:连接断柱方法常用的有三种:

(1)热接法。把温度计放在热水中或在酒精灯上加热,一直到断柱连接到液柱整体上为止,如有气泡存在,则连接断柱需在安全泡中进行(2分)。

(2)冷接法。对测量较高温度的温度计不宜于用热接法,而是采用较低温度的介质使温度计的贮囊冷却,并轻弹温度计,使断柱与整体在贮囊内接合(2分)。

(3)振动法。将温度计贮囊在垫有硬橡皮的工作台上沿垂直方向轻轻振动,直到连接为止(1分)。

32. 答:在 t_1 至 t_2 范围内,温度变化 1℃时所引起的物质体积的平均改变量与它在 0℃时的体积 V_0 之比,称该物质在 t_1 至 t_2 范围内的平均体膨胀系数,简称平均体胀系数(5分)。

33. 答:温度计感温液体的体胀系数与温度计用玻璃的体胀系数之差,简称温度计的视胀系数(5分)。

34. 答:有两种形式:接触式测温法和非接触式测温法(2分)。

接触式测温法:是温度计的感温部分与被测温度介质进行良好地接触,通过热交换达到热平衡后,则温度计显示出的示值,直接或间接地得出被测介质的温度(2分)。

非接触式测温法:是温度计的感温部分与被测温介质不相接触,而是利用物体的热辐射原理求得被测介质的温度(1分)。

35. 答:双金属温度计是利用金属长度随温度而变化的特性制成的温度计(2分)。双金属温度计具有使用保养方便,坚固和耐振动等优点(3分)。

36. 答:压力式温度计是基于密闭容器内的感温介质的压力随温度变化而变化的原理来测温的(5分)。

37. 答:电阻温度计是利用金属导体或金属氧化物等半导体做测温介质,利用随温度而变化的电阻做测温量,通过电阻随温度的变化而变化的特性来测温的(3分)。它具有测温范围广(−200~+850℃),测温精度高,稳定性好,能远距离测量(2分)。

38. 答:工业热电阻主要由感温元件(2分)、绝缘材料(1分)、保护管(1分)、接线盒(1分)等部分组成。

39. 答:铠装热电阻的主要特点是热容量小(1分),动态响应速度快(1分),机械强度好,而且耐震动,耐冲击(1分)。使用寿命比较长(1分)。

40. 答:一是对铂丝的纯度要求不同(2分)。二是尽力减小感温元件骨架对铂丝产生的影响(2分)。三是不能采用统一分度表(1分)。

41. 答:热电偶的测温原理是基于物体的热电效应(2分)。将两种电子密度不同的金属导体首尾相接组成闭合回路,若两端温度不同,在回路中就会产生热电动势,形成热电流,这种现象称为热电效应(2分)。热电偶测温就是利用热电动势与温度之间的函数关系来实现的(1分)。

42. 答:(1)热电偶必须用两种不同材料的热电极构成(2分)。

(2)热电偶的两接点必须具有不同的温度。只有满足上述条件,热电偶才有热电势产生(3分)。

43. 答:(1)均质导体定律(1分)。

(2)中间导体定律(2分)。

(3)中间温度定律(2分)。

44. 答:在一定温度下,热电偶的热电特性随时间而发生变化的程度,称为热电偶的稳定性(2分)。

影响热电偶稳定性的主要因素有:

(1)热电极在使用中的氧化和挥发(1分)。

(2)热电极受外力而引起变形所产生的应力(1分)。

(3)高温下环境对热电极的玷污和腐蚀等(1分)。

45. 答:在热电偶回路中,接点温度为 t_1、t_3 的热电偶,它的热电势等于接点温度分别是 t_1、t_2 和 t_2、t_3 的两支同性质热电势的代数和(5分)。

46. 答:其主要优点是:

(1)测量温度范围广(1分)。

(2)性能稳定,准确可靠(2分)。

(3)结构简单,热惯性小,动态响应速度快(1分)。

(4)信号能够远距离传送及进行多点测量,便于实现集中检测与自动控制(1分)。

47. 答:作用是将直流信号变换成交流信号(5分)。

48. 答:铠装热电偶与普通热电偶相比有如下特点:

(1)热惯性小,响应速度快(1分)。

(2)体积小、热容量小(1分)。

(3)可挠性好,适于安装在结构复杂的装置上(1分)。

(4)机械性能好,强度高,耐震,耐冲击(1分)。

(5)使用寿命长(1分)。

49. 答:热电偶在测温中,由于受到环境、气体、使用温度以及绝缘材料和保护套管污染等影响,经过一段时间使用后,其热电特性将发生变化(2分),尤其是在高温条件下。这将会使热电偶测量的温度失真,增加测温结果的误差(2分)。为了保证测量的准确度,所以热电偶要进行周期性的检定(1分)。

50. 答:(1)用热电偶测量温度时,要求热电偶的自由端温度必须保持恒定,否则将影响测量结果的准确度(1分)。

(2)在现场使用中,热电偶自由端温度无法稳定。因此,必须让热电偶的自由端远离热源,使其处于温度较为稳定的场所(1分)。

(3)因补偿导线与热电偶有相同的热电特性,可以起到延长热电偶自由端的作用(1分)。

(4)热电偶连接补偿导线,使热电偶的自由端远离热源,处于温度较为稳定的场所,保证了测量的准确度(2分)。

51. 答:(1)各种补偿导线只能与相应型号的热电偶配用(1分)。

(2)补偿导线有正、负极之分,不可接错(1分)。

(3)热电偶和补偿导线连接点的温度不得超过规定的使用温度(1分)。

(4)补偿导线与热电偶连接处的两个接点温度要相同(1分)。

(5)根据需要选用防水、防腐、防火的补偿导线(1分)。

52. 答:目前较多使用的方法有三种:

(1)亮度测温法。(2)全辐射测温法。(3)颜色测温法。

53. 答:物体依赖于温度通过表面以电磁波的形式向外发射能量的辐射叫热辐射。在辐射测温中,热辐射是指热平衡状态下的辐射(3分)。

热辐射有两个显著的特点:

(1)热辐射可以在真空中进行,而不需要物体间的相互接触(1分)。

(2)热辐射不仅产生能量的转移,还伴随着能量形式的相互转换(1分)。

54. 答:普通热电偶主要由热电极丝(2分),绝缘管(2分),保护管组成(1分)。

55. 答:测量范围的上、下限之差的模称为量程(5分)。

56. 答:计量器具的检定是指为评定计量器具的计量特性,确定具是否符合法定要求的全部操作(5分)。

57. 答:应采用补偿导线法检定(5分)。

58. 答:XW系列自动平衡记录仪是采用电压补偿法(电压平衡法)来测电动势的(5分)。

59. 答:热电偶产生热电势必须具备:

(1)热电偶必须由两种不同材料的热电极构成(2分)。

(2)热电偶的测量端和参考端必须有不同的温度(3分)。

60. 答:配接热电偶动圈式温度仪表的外线路电阻包括:热电偶的电阻(1分)、补偿导线的电阻(1分)、参考端补偿器的电阻(1分)、铜导线的电阻(1分)和调整用的电阻(1分)。

61. 答:一个被测量的 n 个测量值的代数和除以 n 而得的商叫算术平均值(5分)。

62. 答:(1)要求测量端焊接要牢固(1分);(2)呈球状(1分);(3)表面光滑(1分);(4)无气孔(1分);(5)无夹渣(1分)。

63. 答:包括三个方面:

(1)社会公用计量标准(1分);

(2)部门企事业单位的最高计量标准(2分);

(3)用于贸易结算、安全防护、医疗卫生、环境监测并列入国家强检目录的(2分)。

64. 答:主要技术指标包括:

(1)测温范围(1分)。(2)精度等级(2分)。(3)温包长度(1分)。(4)安装螺纹(1分)。

65. 答:普通温度计读数二次(5分)。

66. 答:压力式温度计主要由感温包(2分),毛细管(2分),盘簧管(1分)组成。

67. 答:检查放大器断开电桥输出端,将放大器的输入端接入直流电位差计上,然后分别给放大器输入正、反方向电势,此时,可逆电动机可以随着输入电势的改变作正、反方向的旋转,否则为异常(5分)。

68. 答：常用的焊接方法：电弧焊、气焊(1分)、碳粉焊、盐水焊(1分)。

对焊点的要求：焊接点要牢固(1分)，表面要光滑(1分)，无沾污，无夹杂物(1分)，无裂纹(1分)。

69. 答：(1)仪表经长时间工作，其滑线电阻丝表面会积有污垢，或形成氧化物，这样会影响仪表的精度和正常工作，因此，要定期加以清洗(2分)；

(2)清洗时，可用纱布蘸适量蒸发液体(如酒精、汽油)沿滑线电阻反复清洗，再取下银滚子清洗，清洗一下，最后安装好(3分)。

70. 答：量值传递是指通过对计量器具的检定和校准，将国家基准所复现的计量单位量值通过各级计量标准传递到工作计量器具，以保证被测对象量值的准确和一致(5分)。

六、综 合 题

1. 答：优点有：(1)水银的内聚力大，不润湿玻璃，不挂附在玻璃毛细管壁上，所以测温准确度高(2分)。

(2)水银在大范围内保持液态，所以测温范围较宽(2分)。

(3)水银的体胀系数随温度变化改变的小，能使温度计有较均匀的分度间隔(2分)。

(4)水银的比热小而热传导系数大，故热惰性小(2分)。

(5)水银的压缩系数小，温度计的内压改变所引起的示值误差小(2分)。

2. 答：在使用玻璃液体温度计时应注意：

(1)温度计玻璃有无破裂，液柱有无中断(2分)。

(2)是否经过检定并确认为合格品(2分)。

(3)按规定的浸没深度使用，否则要加以修正(2分)。

(4)水银温度计要按凸形弯月面顶点切线方向进行读数，有机液体温度计则按凹形弯月面最低点的切线方向进行读数(2分)。

(5)注意轻拿轻放，避免剧烈振动(2分)。

3. 答：(1)示值的比较法检定：是将被检温度计和标准器置于同一个温度均匀恒定的检定装置的测温介质内，待温度计与测温介质达到热平衡后，按照一定程序读取标准器与被检温度计的示值，从而确定出被检温度计的示值检定结果(5分)。

(2)优点：一次检定的温度计数量多，检定效率高(5分)。

4. 答：基本要求如下：(1)恒温槽工作区域的温场应均匀，应满足不同类型温度计对各种恒温槽的温场要求(4分)。

(2)恒温槽的容积应足够，其深度必须能达到标准器与被检温度计全浸或局浸的浸没深度的要求(2分)。

(3)在恒温槽使用的温度范围内，必须能较快地升温或降温到预定的温度，并能很好地稳定在检定温度点上(2分)。

(4)恒温槽使用的液体介质，在使用温度范围内，既要黏度小，以满足温场均匀性要求，又要腐蚀性小，无毒性，闪点高(2分)。

5. 答：(1)必须将压力式温度计的温包全部浸入到被测介质中(2分)。

(2)仪表周围的环境温度不得超过 50 ℃(2分)。

(3)安装温度计时必须注意弹簧管和温包尽量处于同一高度(2分)。

(4)安装使用时必须注意保护毛细管,不得剧烈地多次弯曲(2分)。

(5)使用时要注意温包不能超过规定的测温上限(2分)。

6. 答:(1)用目视检查温度计的外观,不得有妨碍正确读数的缺陷(2分)。

(2)温度计的各零部件应装配牢固,不得松动(2分)。

(3)温度计表盘上的刻度,数字和其他标志应完整,清晰,准确(2分)。

(4)温度计的指针与分度表盘平面间的距离应在 1～3 mm 范围内(2分)。

(5)温度计表盘上应标有摄氏度的符号"℃",制造厂名(2分)。

7. 答:当电子电位差计的测量系统因被测参数的变化而失去平衡时,便输出一个偏差信号(2分),并经晶体管放大器放大后,操纵一个可以向两个方向旋转的电动机,使它向一个方向旋转(2分)。这个电动机再通过机械部分的传动,带动滑线变阻器的触头和指针及记录笔,直至整个测量系统达到新的平衡为止,同时使指针在刻度标尺上指示出所测得的数值来(2分)。电动机的旋转方向,由加在放大器输入端的信号电压相位的符号而定(4分)。这样的电动机就叫做可逆电动机。

8. 答:对感温元件的材料要求:

(1)电阻温度系数要大,可以提高热电阻的灵敏度(2分)。

(2)比阻要大,越大则需要的金属丝越短,感温元件也越小(2分)。

(3)电阻与温度的对应关系应接近线性关系(2分)。

(4)金属的物理化学性质要稳定(4分)。

9. 答:引起误差的主要原因有:

(1)热电偶的不稳定性引起的误差(2分)。

(2)测量仪表的基本误差(2分)。

(3)补偿导线的误差(2分)。

(4)线路电阻引起的误差(2分)。

(5)参考端温度变化引起的误差(2分)。

10. 答:当被测介质温度变化后,由于热电偶的热惯性和仪表的机械惯性,使测量仪表来不及指示出变化了的温度,因此引起的测量误差称为动态误差(2分)。

减小动态误差常用以下方法:

(1)尽量缩小热电偶测量端的尺寸(2分)。

(2)采用导热性能好的材料做保护管,管壁要薄,内径要小(2分)。

(3)减小保护管与热电偶测量端之间的空气间隙(2分)。

(4)增加测量端介质的流速,加快对流传热(2分)。

11. 答:热电偶安装时应遵守以下原则:

(1)热电偶的测量端应处于能够真正代表被测介质温度的地方(2分)。

(2)热电偶应有足够的插入深度,一般最少不小于热电偶保护管外径的 8～10 倍(2分)。

(3)为防止热损失,热电偶保护管露在设备外部应尽可能短,并加保温层(2分)。

(4)若被测介质具有负压时,热电偶安装必须严格密封(2分)。

(5)热电偶的安装地点,应尽量避开其他热源,强磁场,电场等,防止外来干扰(2分)。

12. 答:这种方法就是在各个检定点上分别测量标准与被检热电偶的热电势值,并进行比较,计算其偏差或相应热电势值(2分)。

双极法检定的特点是：

(1)直接测量热电偶的电势值,原理简单直观(2分)。

(2)标准与被检热电偶可以是不同种类的热电偶(2分)。

(3)热电偶测量端可以不捆扎在一起,但必须保证它们处于同一温度下(2分)。

(4)测量次数少,操作方便,计算简单(1分)。

(5)若标准与被检热电偶型号相同,还可减少测量产生的误差(1分)。

13. 答:同名极法的检定方法是指在检定点上分别测量被检热电偶正极与标准热电偶正极及被检热电偶负极与标准热电偶负极之间的微差电势,然后用计算方法求得被检热电偶的误差(2分)。

同名极法检定的特点是：

(1)读数过程中允许炉温变化±10 ℃,而不影响检定的准确性,检定效率高(2分)。

(2)热电偶测量端必须捆扎牢固,否则接触不好,容易造成测量误差(2分)。

(3)标准与被检热电偶必须是同种型号,否则不能采用同名极法(2分)。

(4)读数次数多,计算复杂(2分)。

14. 答:其方法是将同型号的标准与被检热电偶反向串联,直接测量其热电势差值(2分)。

微差法检定的特点是：

(1)整个测量过程炉内温度变化不超过 5 ℃,对炉温要求不严(2分)。

(2)不需要捆扎,对贵金属热电偶可节省白金丝(2分)。

(3)参考端温度不用修正,只要保持在同一温度下即可(2分)。

(4)直接测量标准与被检热电偶差值,操作简单,计算方便(2分)。

15. 答:对检定炉的技术要求是：

(1)为减少导线误差,必须保证热电偶的插入深度(2分)。

(2)最高使用温度应能满足被检热电偶测温上限要求(2分)。

(3)要求升温速度快,保温性能良好(2分)。

(4)检定炉最高均匀温场中心与炉子几何中心轴线偏离不得大小 10 mm(2分)。

(5)炉内气氛应能满足热电偶及检定炉各部件的要求(2分)。

16. 答:在一个标准大气压下(2分),冰的融点定为零摄氏度(2分),水的沸点定为 100 摄氏度(2分),在零摄氏度和 100 摄氏度之间划分 100 等分,每一等分为一摄氏度(2分),符号℃,这种度量温度的标尺叫摄氏温标(2分)。

17. 答:(1)自动平衡记录仪采用电压补偿法测量直流电动势(2分)。当被测直流电势加入测量桥路时,和测量桥路两端输出直流电压相比较(2分)。(2)比较后的差值电压(不平衡电压)经放大器放大后,驱动可逆电机转动(2分)。(3)可逆电机带动指示机构,同时改变测量桥路的滑线电阻值。直至测量桥路平衡(2分)。(4)不平衡电压为零,放大器无输出,可逆电机停转(2分)。(5)与滑线电阻相连接的指针指示出相应的温度(2分)。

18. 答:动圈式温度仪表测量部分的核心是磁电系直流电流表(2分)。当用动圈仪表与感温元件配套测量温度时,被测温度经过感温元件和测量电路转换为电流信号(2分)。由于动圈处于磁路系统的磁场中,当动圈中有电流通过时,动圈周围将产生一个磁场,这个磁场与永久磁铁的磁场相互作用产生一个旋转力矩,此力矩使动圈在磁场中旋转(2分)。动圈的转动使支承动圈的张丝(或游丝)由于扭转而产生一个反作用力矩(2分)。当旋转力矩与反作用力矩平衡时,动圈的转动即停在一定的位置上,此时与动圈固定在一起的指针就会指示出相应的温度来(2分)。

19. 答:(1)检定配热电偶的动圈仪表必须采用调压箱给仪表输入信号,然后用电位差计测量调压箱输出端电压,即为仪表的输入电压值,而不能直接用电位差计给仪表输入信号(3分)。(2)因为动圈仪表的工作原理是靠热电偶电动势提供的电流大小来动作的(3分)。(3)用电位差计直接检定动圈仪表时,电位差计的工作电流就要供给动圈一部分,使动圈发生偏转,这样就会使电位差计工作电流发生变化(2分)。

(4)将引起大的测量误差(2分)。

20. 答:设定点误差=(16.357+16.377)/2-16.397=-0.03(mV)(10分)。

21. 答:热力学温度 $T=t+273.15=310.15$ K(5分)。

华氏温度 $F=1.8×37+32=98.6$(℉)(5分)。

22. 答:热电偶热电势的大小与其冷端的温度有关,其热电势是在冷端温度为 0 ℃时分度的(5分)。在实际工作中,热电偶冷端常常不为 0 ℃,势必引起测量误差,为了消除这种误差,必须进行冷端温度补偿(5分)。

23. 答:(1)由于热电偶丝是用拨丝机拨制而成的,在冷拔过程中,金属晶粒破碎,因而产生了内应力(2分)。(2)热电偶在高温下使用,合金电极会发生相变,产生结构应力(2分)。(3)若将热电偶加热到相变温度以上进行退火,恢复原来的结构(2分)。(4)此外,高温下热电极中某些元素的挥发,会使热电极的成分产生不均匀(2分)。(4)而退火可以使杂质挥发,成分扩散均匀(2分)。因此退火可以消除热电极中的内应力,从而提高热电偶的稳定性(2分)。

24. 答:主要有如下几方面的原因:

(1)滑线电阻磨损,如磨损严重应更换(2分)。

(2)补偿导线接反,按正确极性重接(2分)。

(3)指针座松动,将松动的指针座对好零位后紧固(2分)。

(4)放大器灵敏度低,按技术要求调整放大器的灵敏度和阻尼(2分)。

(5)测量桥路有关阻值不对,检查桥路并更换(1分)。

(6)稳压电源输出电流不正确,可进行修理或更换(1分)。

25. 答:炉温 600 ℃ +40 ℃=640 ℃(10分)。

26. 答:参考端温度补偿器一般是用在热电偶与动圈式显示仪表配套的电路中,使用时应注意下列几项:(1)参考端温度补偿器只能在规定的温度范围内和相应型号的热电偶配套使用(3分)。

(2)参考端补偿器与热电偶连接时,极性不能接反,否则会加大测量误差(3分)。

(3)测量仪表的起始点应根据参考端温度补偿器的平衡温度进行调整(2分)。

(4)应定期进行检查与校验(2分)。

27. 答:辐射测温属非接触测量,其优点是:

(1)测温的上下限不受限制,理论上可以测量任意的高温和低温(3分)。

(2)可测量热容量小,导热性差的物体温度,而不破坏其热状态(3分)。

(3)可测量运动的,不可接近的和处于有害气氛中的物体温度(2分)。

(4)测温响应时间短,便于进行动态、瞬态温度的测量(2分)。

28. 答:(1)在任何温度和任何波长下,都能全部吸收投射到其表面上所有辐射能量的物体称为黑体(3分)。

(2)发射率恒小于1且不随波长和温度变化的物体称为灰体(3分)。

(3)黑体和灰体的发射率都与波长和温度无关且为常数。但黑体的发射率等于1,而灰体的发射率恒小于1(4分)。

29. 答:数字表有如下特点:

(1)测量准确度高(2分)。

(2)稳定性好、寿命长(2分)。

(3)数字显示,直观明了,读数方便,无视差(2分)。

(4)输入阻抗高(2分)。

(5)仪表可采用模块化。维修方便,配接灵活(2分)。

30. 答:(1)滑线电阻触点位置直接影响测量桥路的输出(4分)。

(2)滑线电阻触点位置直接反映了仪表示值(3分)。

(3)仪表的许多指标取决于滑线电阻的优劣(3分)。

31. 答:影响准确度的因素主要有:(1)测量距离的影响(2分)。(2)反射光线的影响(2分)。(3)火焰的影响(2分)。(4)环境温度的影响(2分)。(5)非黑体辐射的影响(2分)。

32. 答:(1)感温元件应和被测物应有良好的热接触(2分)。

(2)感温元件热容量应尽量小(2分)。

(3)感温元件在被测物中应有一定的插入深度(2分)。

(4)感温元件不能被介质腐蚀(2分)。

(5)测量变化温度时,应采用滞后时间小的感温元件(2分)。

33. 答:电子电位差计主要由测量桥路、电子放大器、可逆电动机、指示、记录、调节等机构和电源等部分所组成(2分)。

其工作原理:(1)从感温元件输出的直流电动势和桥路两端的直流电压相比较,二者的差值即不平衡电压经过电子放大器放大,其输出足以驱动可逆电动机(2分)。

(2)可逆电动机通过一组传动系统带动指示系统及其与测量电桥中滑线电阻相接触的滑动臂,从而改变了滑动臂与滑线电阻的接触位置,直至桥路的已知电量与感温元件的输入电量二者平衡为止。此时可逆电动机停止转动,桥路处于平衡状态(2分)。

(3)若感温元件的输入信号——电势值再度改变,则又产生新的不平衡电压,重复上述过程,直至达到新的平衡点为止(2分)。

(4)通过与滑动臂相连动的指示机构在每一个平衡点相应的标尺上即可读出温度值或电压值(2分)。

34. 答:(1)仪表指示基本误差:$16.397-16.459=-0.062(mV)$(3分)。

(2)仪表的回程误差:$0.081(mV)$(3分)。

(3)仪表的设定点偏差:$(16.367+16.397)/2-16.397=-0.015(mV)$(4分)。

35. 答:对电子电位差计的安装要求如下:

(1)安装地点要明亮、干燥、无腐蚀性气体(1分)。

(2)安装地点要避开强震源,否则应采取防震措施(1分)。

(3)安装地点应无强电磁场(1分)。

(4)仪表的正常使用温度应在0~50℃的环境中(1分)。

(5)一次元件的分度号要与仪表的分度号一致(1分)。

(6)电源线与一次元件的连接导线要分别敷设在金属套管内(1分)。

(7)几台仪表并列安装时,要注意仪表之间的距离,以便于拆卸或检修时(1分)。

(8)为便于读数和检修仪表,应保证仪表的中心距地面高度在1.5 m左右(1分)。

(9)接线前应先修看仪表说明书,防止线路接错(1分)。

(10)为避免干扰,仪表要单独接地,切不能与电源地线相接(1分)。

热工计量工(高级工)习题

一、填 空 题

1. 热传递的三种基本方式是传导、对流和（　　　）。

2. 物体表面粗糙度越高，其全辐射发射率越（　　　）。

3. 绝对黑体的吸收系数等于（　　　）。

4. 辐射温度计的测温方法有三种：（　　　）、色温法、全辐射温度法。

5. 热力学温度的 1 开尔文定义为水三相点热力学温度的（　　　）分之一。

6. 摄氏温度 t 与热力学温度 T 之间的关系是 $t=$（　　　）。

7. 计量的本质特征就是（　　　）。

8. 热辐射是指能量从受热物体表面连续发射，并以（　　　）的形式表现出来。

9. 全辐射温度计是根据物体的（　　　）效应测量物体表面温度的仪器。

10. 温度是一个表征物体（　　　）程度的物理量。

11. 我国现在实行的国际温标是 ITS-（　　　）。

12. 一切互为热平衡的物体都具有相同的（　　　）。

13. 动圈式温度仪表的测量机构是由动圈指针系统，支承系统和（　　　）三大部分组成。

14. 热力学温标是以热力学第二定律为基础的，是一个与（　　　）无关系的温标。

15. 水三相点温度，用摄氏温度表示是 0.01 ℃，用热力学温度表示是（　　　）K。

16. 中间温度定律是工业测温中，应用（　　　）导线的理论基础。

17. 热电偶所产生电动势由温差电势和（　　　）电势所组成。

18. 在一根均质金属导体上，由于存在温度梯度而产生的热电动势，称为（　　　）。

19. 由于两种不同的金属导体 A 和 B 接触时，两者电子密度不同而形成的热电动势，称为（　　　）。

20. 标准化热电偶工艺比较成熟，性能优良而稳定，具有统一的（　　　），使用起来十分方便。

21. 半导体热电阻的阻值随温度升高而（　　　），成指数关系。

22. 铠装热电偶的测量端类型有碰底型、不碰底型、（　　　）三种。

23. 放大器级与级之间的连接叫耦合，常见的耦合方式有阻容耦合、（　　　）、直接耦合三种。

24. 误差的两种基本表现形式是（　　　）和相对误差。

25. 画晶体管放大电路的交流通路时，应将放大电路中的电容器视为（　　　）。

26. 射级输出器具有深度的电压串联负反馈作用，它具有输入电阻大（　　　）和电压跟踪等特点。

27. 电功率是电场力在（　　　）内所做的功。

28. 电路具有传递能量、(　　)能量和能量转换的作用。

29. 在交流电路中,纯电感元件两端的电压在相位上超前电流(　　)角。

30. 构成国际温标的三要素,除定义固定点外还有(　　)和内插公式。

31. 自动平衡记录仪主要由测量桥路、放大器、可逆电机、(　　)和调节机构组成。

32. 自动平衡记录仪和电子平衡电桥的主要区别是(　　)不同。

33. 张丝支承动圈仪表测量机构主要由动圈和指针、磁路系统、(　　)以及串、并联电阻组成。

34. 在动圈式仪表中,当磁路系统中磁分路片逆时针移动时,仪表示值随之(　　)。

35. 动圈式温度仪表的动圈的偏转角即反映(　　)量值的大小。

36. XW 系列自动平衡记录仪中变流器的作用是将直流信号变成(　　)。

37. 玻璃液体温度计的测温原理是基于物质的(　　)特性。

38. 电接点玻璃水银温度计的连接电阻按规程不应超过(　　)Ω。

39. 半导体点温计是根据热敏电阻阻值随(　　)而变化的特性来测量温度的。

40. 半导体点温计在每个检定点读数前必须校(　　)。

41. 热电偶补偿导线能起到(　　)热电极的作用。

42. XWC-300 型自动平衡记录仪的测量桥路中的滑线电线电阻 RH 和与之并联的工艺电阻 RB 的等效电阻应为(　　)±1 Ω。

43. 具有参考端温度自动补偿的自动平衡记录仪(0.5 级)应采用(　　)法进行检定。

44. 压力式温度计可分为充气体式、充液体式、(　　)三种。

45. DDZ-Ⅲ 型电动单元组合仪表的现场传输信号为(　　)。

46. 压力式温度计主要由感温包、毛细管和(　　)组成。

47. 用(　　)表示温度的方法称为温度标尺,简称温标。

48. 半导体温度计检定时,读数应估读到仪表分度值的(　　)。

49. 半导体温度计检定时,恒温槽温度偏离检定点不应超过(　　)℃。

50. 铜电阻的测温上限最高可达(　　)℃。

51. 铂热电阻有 A 级、B 级,其电阻温度系数应为(　　)。

52. 1990 年国际温标规定标准(　　)温度计作为 0～961.78 ℃温区的基准仪器。

53. 铜电阻的测温下限电能低可达(　　)℃。

54. ITS-90 温标把标准铂电阻温度计的上限从 630.74 ℃延伸到(　　)℃。

55. 常用的两种铜热电阻分度号是 CU50 和(　　)。

56. 玻璃液体温度计的测温物质与(　　)体积变化之差称为视膨胀。

57. 玻璃液体温度计按其结构可分为三种,即透明(　　)温度计、内标式温度计、外标式温度计。

58. 对于水银温度计,读数是按凸出弯月面的(　　)点。

59. 双金属温度计是根据金属(　　)随温度而变化的性质而制成的温度计。

60. 普通热电偶由(　　)、绝缘管和保护管组成。

61. 动圈式仪表中的张丝的作用是产生(　　)支承作用和导电作用。

62. 热力学温度计的单位定义为水三相点温度的(　　)分之一。

63. 热力学温度的单位是(　　)。

64. 热力学温标规定物质的分子停止运动时的温度为（　　　）。

65. DDZ-Ⅲ型电动单元组合仪表采用（　　　）作为统一的标准电信号。

66. 对于 XW 系列自动平衡记录仪，其外部连线总电阻不得超过 1 000 Ω，以保证仪表具有足够的（　　　）和阻尼特性。

67. 对于 XW 系列自动平衡记录仪，其外部连线总电阻不得超过（　　　）Ω，以保证仪表具有足够的灵敏度和阻尼特性。

68. 对于 XW 系列自动平衡记录仪，其外部连线总电阻不得超过 1 000 Ω，以保证仪表具有足够的灵敏度和（　　　）特性。

69. 目前我国 XW 系列自动平衡记录仪中的测量桥路，采用稳压电源供电，稳压电源提供的电压为（　　　）直流电压。

70. 根据检定规程，0.5 级自动平衡记录仪检定时，环境温度应为（　　　）。

71. 辐射感温器的物镜被沾污，其输出电势值将（　　　）。

72. WFT-202 型辐射感温器的感受温元件为（　　　）。

73. 温度灯是用来复现（　　　）温度的。

74. 温度灯的示值通过（　　　）的大小来表示。

75. 环境温度升高时，光学高温计的示值将（　　　）。

76. 检定光学高温计所用的电压测量设备的准确度不应低于（　　　）级。

77. 水三相点温度为（　　　）℃。

78. 热力学温标是用（　　　）温度计来实现的。

79. 华氏温标规定，在标准大气压下，冰的融点为 32℉，水的沸点为（　　　）℉。

80. 热力学温标是以热力学第二定律为基础的，是一个与（　　　）无关系的温标。

81. 张丝支承式动圈温度仪表的测量机构主要由（　　　）、磁路系统、支承系统以及串、并联电阻组成。

82. 张丝支承式动圈温度仪表的测量机构主要由动圈和指针、（　　　）、支承系统以及串、并联电阻组成。

83. 在动圈式温度仪表中，顺时针调节磁分路片则仪表示值将随之（　　　）。

84. 对于使用中的动圈式温度仪表的检定，（　　　）和绝缘强度两个检定项目可以不检。

85. 二等标准水银温度计在检定和使用时的浸没方式为（　　　）。

86. （　　　）定律为在工业测温中，应用补偿导线提供了理论基础。

87. 溯源性是指通过连续的比较链，使（　　　）能够与国家计量基准或国际计量基准联系起来的特性。

88. 计量标准是指按国家计量检定系统表规定的（　　　）等级，用于检定较低等级计量标准或工作计量器具的计量器具。

89. 量值传递是指通过对计量器具的检定或校准，将国家基准所复现的计量单位量值通过各等级（　　　）传递到工作计量器具，以保证被测对象量值的准确、一致。

90. 检定证书必须有检定、检验、（　　　）人员签字。

91. 在数字电路中，最基本的逻辑关系有三种，即（　　　）。

92. 在比例、积分、微分调节规律中，能实现超前调节，减小被调量动态偏差的是（　　　）作用。

93. 在比例、积分、微分调节规律中,三各调节规律各自发挥不同的作用,起基本调节的是（   ）作用。

94. DDZ-Ⅲ型电动单元组合仪表,其现场传输信号是 4～20 mA,控制室的联络信号为（   ）。

95. 压力式温度计主要由（   ）、毛细管和盘簧管组成。

96. 型号为 WTZ 的压力式温度计的感温物质是（   ）。

97. 二等标准水银温度计的分度值为（   ）。

98. 玻璃液体温度计检定时,读数应估读到其分度值的（   ）分之一。

99. 对于数字温度指示调节仪的检定,要求整个检定设备的总的不确定度应小于被检仪表允许误差的（   ）分之一。

100. 为了评定计量器具的（   ）,确定其是否符合法定要求所进行的全部工作叫检定。

101. 强检计量器具包括用于贸易结算、环境监测、医疗卫生、（   ）四个方面并列入国家强检目录的计量器具。

102. 工作用玻璃液体温度计检定时,恒温槽温度偏离检定点不应超过（   ）℃。

103. 工作用廉金属热电偶检定时,检定炉温度偏离检定点不应超过（   ）℃。

104. 压力式温度计检定时,恒温槽温度偏离检定点不应超过（   ）℃。

105. 共发射极晶体管放大电路的输入信号电压与输出信号电压相位差等于（   ）。

106. 甲类单晶体管功率放大器的特点是静态工作点设置在（   ）中点。

107. 修正值的大小等于已定（   ）误差,但符号相反。

108. 对应于所给置信概率的误差限与（   ）之比叫置信因数,也称置信因子。

109. 检定计量器具时必须遵守的（   ）文件叫检定规程。

110. 测量准确度反映了测量结果中系统误差与（   ）的综合。

111. 对于工业热电阻,用于绕制电阻丝的骨架材料有石英、云母、陶瓷和塑料等,其中（   ）骨架适于 100 ℃以下温度的测量。

112. 对于工业热电阻,用于绕制电阻丝的骨架材料有石英、云母、陶瓷和塑料等,其中（   ）骨架只适于 500 ℃以下温度的测量。

113. 充气体压力式温度计的型号（前三位）应为（   ）。

114. WTZ 型压力式温度计主要的附加误差是由于（   ）的变化对测量的影响。

115. 压力式温度计中,用来传递压力变化的部件是（   ）。

116. 玻璃液体温度计的零点位移是由于玻璃的（   ）引起的。

117. 为了防止过热,液体胀破温度计,玻璃液体温度计的顶端都带有（   ）。

118. 玻璃液体温度计的示值的是测物质（   ）大小的量度。

119. 玻璃液体温度计的测量上限受到玻璃的（   ）和测温物质沸点的限制。

120. 玻璃液体温度计中的有机液体易于沾附在玻璃上,造成（   ）和断柱现象。

121. 玻璃液体温度计的玻璃和感温液体要达到被测物体的温度需要一定的时间,这个时间叫温度计的（   ）。

122. 玻璃液体温度计的测量上限受到玻璃的耐热性和测温物质的（   ）的限制。

123. 高温计（   ）是光学高温计的核心部件,它不仅记录亮温示值,而直接影响温度计的准确性、复现性。

124. 温度灯的主要用途是复现（   ）,以作为检定光学高温计、光电高温计的标准。

125. 全辐射温度计是根据物体的热辐射效应测量物体(　　)温度的仪器。

126. WFT-202 型全辐射温度计的结构可分为辐射感温器、(　　)和显示仪表三部分。

127. 动圈式温度仪表的测量机构中的温度补偿电阻 RT 是随温度升向而(　　)的。

128. 动圈表中断偶保护电路的目的是在热电偶线路、断路时,仪表指针自动移向(　　)方向。

129. 由于玻璃液体温度计的感温液体夹有(　　)或搬运不慎等原因,会使温度计液柱断裂,引起很大误差。

130. 局浸工作用玻璃液体温度计按规定浸没深度不得小于(　　)mm。

131. 如果某物体的温度是 80 ℃,那么其华氏温度应是(　　)$^\circ$F。

132. 如果某物体的温度是 60 ℃,那么其热力学温度应是(　　)K。

133. 计量的本质特征就是(　　)。

134. 计量具有准确性、一致性、(　　)和法制性的基本特征。

135. 测量是指以确定量值为目的的(　　)。

136. 测量系统是组装起来以进行(　　)的全套测量仪器和其他设备。

137. 死区是不致引起测量仪器响应发生变化的激励双向变动的(　　)。

138. 重复性是指在相同测量条件下,对同一被测量进行连续多次测量所得结果之间的(　　)。

139. 合成标准不确定度是当测量结果由若干个其他量的值求得,按其他量的方差和(　　)算得的合成标准不确定度。

140. A 类标准不确定度与 B 类标准不确定度仅仅是(　　)不同,并不表明不确定度的性质不同。

141. 计量器具是指单独地或连同(　　)一起用以进行测量的器具。

142. 一般由一个数乘以(　　)所表示特定量的大小称为量值。

143. 校准主要用以确定测量器具的(　　)。

144. 强制检定的(　　)和强制检定的工作计量器具,统称为强制检定的计量器具。

145. 我国《计量法实施细则》规定,县级以上人民政府计量行政部门依法设置的计量检定机构,为(　　)检定机构。

146. 我国《计量法实施细则》规定,企业、事业单位建立本单位各项最高计量标准,须向(　　)的人民政府计量行政部门申请考核。

147. 计量检定人员出具的检定数据,用于量值传递、计量认证、技术考核、裁决计量纠纷和实施计量监督具有(　　)。

148. 计量检定印包括:錾印、喷印、钳印、漆封印和(　　)印。

149. 国际单位制是在米制基础上发展起来的单位制。其国际简称为(　　)。

150. 国际单位制的基本单位名称有米、千克、秒、安培、开尔文、(　　)、坎德拉。

151. 国际单位制的基本单位单位符号是:m、kg、s、A、(　　)、mol、cd。

152. 国际单位制的辅助单位名称是(　　)和球面度。

153. 在国家选定的非国际单位制中,级差的计量单位名称是分贝,计量单位的符号是(　　)。

154. 在误差分析中,考虑误差来源要求(　　)、不重复。

155. 计量确认是指为确保测量设备处于满足预期使用要求的所需要的(　　)。

156. 关于热电偶测温回路的 3 个定律,即:均值导体定律、（　　　）定律、中间温度定律。

157. 铂铑$_{10}$—铂热电偶长期使用最高温度为（　　　）℃,短期使用最高温度为 1 600 ℃。

158. 铂铑$_{10}$—铂热电偶具有良好的抗氧化性能,可在氧化性、（　　　）及真空中使用。

159. 铂铑$_{30}$—铂铑$_6$ 热电偶可长期工作在 600～（　　　）℃,短期最高使用温度为 1 800 ℃。

160. 铂铑$_{30}$—铂铑$_6$ 热电偶与铂铑$_{10}$—铂热电偶相比,高温下热电特性（　　　）。

161. 中间温度定律为在工业测温中,应用补偿导线提供了（　　　）。

162. 中间温度定律为使用分度表奠定了（　　　）。

163. 补偿导线有正、负极之分,由于补偿导线极性接反所造成的误差约为不用补偿导线时的（　　　）倍。

164. 专用热电偶分为测量固体表面的（　　　）、测熔融金属热电偶、测量气流温度的热电偶和多点热电偶。

165. 表面热电偶是用来测量各种状态的固体（　　　）温度的。

166. 为准确地测量实际温度,要对热电偶参考端温度进行补偿,常用的补偿方法有:冰点槽法、计算法、调零法、（　　　）法。

167. 工作用玻璃液体温度计检定规程适用于新制造和使用中的,测量范围为－100～＋600 ℃ 的工作用玻璃液体温度计的检定,不适用于（　　　）等专用温度计的检定。

168. 工作用玻璃液体温度计经稳定度试验后其零点位置的上升值不得超过分度值的（　　　）。200 ℃ 以上分度值为 0.1 ℃ 的温度计,其零点上升值不得超过一个分度值。

169. 检定工作用玻璃液体温度计用的恒温槽内工作区域是指标准温度计与被检温度计的感温泡所能触及的最大范围,最大温差是对不同深度（　　　）而言。

170. 检定压力式温度计所用的恒温槽内工作区域是指标准温度计与被检温度计的感温包所能触及的最大范围,最大温差是对任意两点而言,水平温差是对某一（　　　）的任意两点而言。

171. 在一定温度下,热电偶的热电特性随时间而发生变化的程度称为热电偶的（　　　）。

172. 常温下对于长度超过 1 m 的热电偶,它的常温绝缘电阻与其长度的乘积应不小于（　　　）。

173. 规程要求检定工作用热电偶应选用低电势直流电位差计,其准确度不低于 0.02 级,最小步进值不大于（　　　）或具有同等准确度的其他设备。

174. 热电偶的示值检定方法有定点法、空腔法和比较法,工业热电偶常采用（　　　）。

175. 工业热电偶常采用比较法进行检定,比较法分为同名极法、双极法和（　　　）法。

176. 工业热电偶常采用比较法进行检定,比较法分为（　　　）、双极法和微差法。

177. 新制或使用中的热电偶必须进行退火,退火可以消除热电极中的内应力,改善金相组织,从而提高热电偶的（　　　）。

178. 对热电偶进行退火的方法有两种,即（　　　）和炉中退火。

179. 热电偶的退火要严格按照规定的退火温度和时间进行操作是保证（　　　）的重要因素。

180. 从一个辐射热源,没经过任何媒介物,又没有实际接触,就把热传递给另外一个物体,这种传热现象称为（　　　）。

181. 在辐射测温学中,有三种视在温度,即亮度温度、辐射温度和（　　　）温度。

182. 在辐射测温学中有三条基本黑体辐射定律,它们是普朗克(　　　)定律,维恩位移定律和斯蒂芬—波尔兹曼全辐射定律。

183. 工业用光学高温计大致分两种,一种是隐丝式光学高温计,另一种是恒定(　　　)光学高温计。

184. 光学高温计所测量的温度称为亮度温度,当被测对象为非黑体时,要通过(　　　)才能求得真实温度。

185. 亮度测温法的测温原理是基于(　　　)辐射定律。

186. 用光学高温计测得被测物体的辐亮度温度后,求真实温度的方法有三种,即:计算法、作图法和(　　　)法。

187. 热辐射温度计是以物体的辐射强度与温度成一定的(　　　)关系为基础的。

188. 凡是依据热辐射原理测量温度的仪表统称为(　　　)温度计。

189. 辐射感温器是利用斯蒂芬—玻尔兹曼全辐射定律为(　　　)的温度计。

二、单项选择题

1. 下列定律和效应中,哪一个与热电偶测温原理有关(　　　)。
(A)光电效应　　　　(B)塞贝克效应　　　(C)欧姆定律　　　　(D)克希霍夫定律

2. 指出下列几种热电偶中,哪一种测量温度最高(　　　)。
(A)分度号为 S 的热电偶　　　　　　(B)分度号为 B 的热电偶
(C)分度号为 T 的热电偶　　　　　　(D)分度号为 K 的热电偶

3. 测温准确度最高的热电偶是(　　　)。
(A)S 型　　　　(B)K 型　　　　(C)E 型　　　　(D)T 型

4. 能以亲磁与否判断其正负极性的热电偶是(　　　)。
(A)S 型　　　　(B)K 型　　　　(C)B 型　　　　(D)E 型

5. 以下几种热电阻中,属于标准化热电阻的是(　　　)。
(A)锗热电阻　　　(B)锰电阻　　　(C)碳电阻　　　(D)铜电阻

6. 用热电偶测量参考端温度以上的温度时,若与仪表连接的补偿导线极性接反,将使仪表示值(　　　)。
(A)偏高　　　　(B)正常　　　　(C)偏低　　　　(D)不变

7. LC 振荡器在建立振荡的过程中,反馈电压必须满足(　　　)条件,否则振荡不起来。
(A)KF<1　　　(B)KF=1　　　(C)KF>1　　　(D)KF>1.2

8. 晶闸管导通的条件是:晶闸管的阳极和阴极之间要加正向电压,控制极和阴极间应加(　　　)。
(A)反向控制电压　　　　　　　　　(B)有足够大的触发电流
(C)正向控制电压　　　　　　　　　(D)反向控制电流

9. 射极输出器的反馈电路是(　　　)。
(A)串联电压负反馈　　　　　　　　(B)并联电压负反馈
(C)串联电流负反馈　　　　　　　　(D)并联电流负反馈

10. 满足元件欧姆定律的条件是(　　　)。
(A)电流与电压方向一致　　　　　　(B)电压必须是常数

(C)电流必须是常数   (D)电阻必须是常数

11. 一个 220 V、40 W 的灯泡,其灯丝电阻为(   )。

(A)1 000 Ω   (B)1 210 Ω   (C)500 Ω   (D)600 Ω

12. 电源元件在外电路开路时,其端电压与电动势的关系为(   )。

(A)端电压等于电动势   (B)端电压大于电动势

(C)端电压小于电动势   (D)端电压等于零

13. 热力学温度的单位定义为水三相点热力学温度的(   )。

(A)1/100   (B)1/273.15   (C)1/273.16   (D)1/1

14. 灰体的颜色温度(   )其真实温度。

(A)小于   (B)等于   (C)大于   (D)远大于

15. 实际物体的辐射温度(   )其真实温度。

(A)大于   (B)小于   (C)等于   (D)远大于

16. 辐射感温器的物镜被沾污,其输出电势值(   )。

(A)增大   (B)减小   (C)不变   (D)减小到零

17. WFT-202 型辐射感温器的感温元件为(   )。

(A)热电堆   (B)热敏电阻   (C)双金属片   (D)铂电阻

18. 测量 2 600 ℃物体的温度,适用的温度计是(   )。

(A)光学高温计   (B)全辐射温度计

(C)电阻温度计   (D)红外温度计

19. 在相同的温度下,辐射能量最大的物体是(   )。

(A)灰体   (B)黑体   (C)选择性辐射体   (D)白体

20. WFT-202 型辐射感温器参端温度补偿采用(   )。

(A)热敏电阻   (B)补偿光栏   (C)冷端恒温器   (D)冰瓶

21. 温度灯是用作检定(   )的标准器具。

(A)全辐射温度计   (B)红外温度计

(C)比色高温计   (D)光学高温计

22. 温度灯是用来复现(   )温度的。

(A)辐射   (B)颜色   (C)亮度   (D)真实

23. 温度灯的示值通过(   )的大小来表示。

(A)电压   (B)电流   (C)电阻   (D)电能

24. 环境温度计升高时,光学高温计示值将(   )。

(A)升高   (B)降低   (C)不变   (D)变化不定

25. 检定光学高温计所用的电压测量设备准确度不低于(   )级。

(A)0.01   (B)0.02   (C)0.05   (D)0.10

26. 光学高温计测得的物体温度为(   )温度。

(A)亮度   (B)辐射   (C)颜色   (D)真实

27. 光学高温计是按照绝对黑体的(   )定律来刻度的。

(A)欧姆   (B)辐射   (C)焦耳   (D)基尔霍夫

28. 水三相点的摄氏温度为(   )℃。

(A)−0.01 　　　　(B)0.01 　　　　(C)0.1 　　　　(D)−0.1

29. 1 开尔文( )1 摄氏度。

(A)小于 　　　　(B)等于 　　　　(C)大于 　　　　(D)远大于

30. 一切互为热平衡的物体都具有相同的( )。

(A)热量 　　　　(B)温度 　　　　(C)导热系数 　　　　(D)发射率

31. 目前我国实行的温标是( )。

(A)ITS-90 　　　　(B)IPTS-68 　　　　(C)华氏温标 　　　　(D)摄氏温标

32. 1990 年国际温标的 0∼961.78 ℃温区的标准仪器是( )。

(A)气体温度计 　　(B)水银温度计 　　(C)铂电阻温度计 　　(D)热电偶

33. 热力学温标是用( )来实现的。

(A)国际温标 　　(B)经验温标 　　(C)水银温度计 　　(D)理想气体温度计

34. 检定工作用分度号为 K 的热电偶时,检定炉炉温偏离检定点的温度不应超过( )℃。

(A)±5 　　　　(B)±10 　　　　(C)±20 　　　　(D)±30

35. 适宜于狭小管道测温的热电偶是( )热电偶。

(A)普通 　　　　(B)铠装 　　　　(C)表面 　　　　(D)差动

36. 工作用廉金属热电偶检定时需要直流电位差计,其准确度不应低于( )级。

(A)0.05 　　　　(B)0.02 　　　　(C)0.01 　　　　(D)0.5

37. XWC-300 型自动平衡记录仪的测量桥路中的滑线电阻 RH 和与之并联的工艺电阻 RB 的等效电阻应为( )Ω。

(A)5±0.1 　　　　(B)60±0.1 　　　　(C)90±0.1 　　　　(D)100±0.1

38. JJG368-84 半导体点温计检定规程适用于−80∼( )℃的指针式半导体点温计的检定。

(A)100 　　　　(B)200 　　　　(C)300 　　　　(D)400

39. 铜电阻的测温上限最高可达( )℃。

(A)100 　　　　(B)150 　　　　(C)200 　　　　(D)250

40. 工业铂热电阻允差等级分为 AA 级、A 级、B 级和( )。

(A)C 级 　　　　(B)D 级 　　　　(C)CC 级 　　　　(D)DD 级

41. 检定工业铂、铜热电阻应采用( )制接线方法。

(A)二级 　　　　(B)三线 　　　　(C)四线 　　　　(D)五线

42. 工业热电阻在使用时,下列哪种接线方法测量误差最大( )。

(A)二线制 　　　　(B)三线制 　　　　(C)四线制 　　　　(D)五线制

43. ( )是驱动热量传递的动力。

(A)传导 　　　　(B)对流 　　　　(C)辐射 　　　　(D)温度差

44. 二等标准水银温度计在检定和使用时的浸没方式为( )。

(A)局浸 　　　　(B)全浸 　　　　(C)完全浸没 　　　　(D)浸入 50 mm

45. ( )定律为在工业测温中,应用补偿导线提供了理论基础。

(A)中间导体 　　(B)参考电极 　　(C)连接导体 　　(D)中间温度

46. 二等标准水银温度计的分度值为( )℃。

(A)0.1 　　　　(B)0.01 　　　　(C)0.05 　　　　(D)0.2

47. 在检定工作用玻璃液体温度计时,读数要估读到分度值的(　　)分之一。

(A)二　　　　　　　(B)五　　　　　　　(C)十　　　　　　　(D)三

48. 在检定半导体点温计时,每个检定点读数前必须(　　)。

(A)校零　　　　　(B)校满度　　　　　(C)预热　　　　　(D)检查旋钮

49. 热电偶的补偿导线能起到(　　)热电极的作用。

(A)缩短　　　　　(B)改善　　　　　(C)延长　　　　　(D)增强

50. 工作用玻璃液体温度计检定时,恒温槽温度应控制在偏离检定点(　　)℃以内。

(A)0.1　　　　　(B)0.2　　　　　(C)0.5　　　　　(D)0.1

51. 当热电偶测量端温度确定时,热电偶参考端温度降低,则热电偶热电势将(　　)。

(A)不变　　　　　(B)减少　　　　　(C)变化不定　　　　　(D)增大

52. 0.5级数字温度指示调节仪检定时,环境温度应为(　　)℃。

(A)20±5　　　　　(B)23±2　　　　　(C)25±3　　　　　(D)18±5

53. 根据检定规程,使用中的数字温度指示调节仪的分辨力、连续运行和(　　)等仪表指示部分检定项目可以不检定。

(A)绝缘电阻　　　　　(B)绝缘强度　　　　　(C)外观　　　　　(D)比例带

54. 按充入密封系统的介质不同,压力式温度计可分为充气体式、充液体式和(　　)三种。

(A)充酒精式　　　　　(B)充苯式　　　　　(C)充蒸发液体式　　　　　(D)充氧式

55. 摄氏温度与热力学温度的关系是(　　)。

(A)$t=T+273.15$　(B)$t=T-273.16$　(C)$t=T$　　　　(D)$t=T-273.15$

56. 动圈式温度仪表中的张丝不但有支承作用,还可产生(　　)和向动圈引入电流的作用。

(A)电压　　　　　(B)电流　　　　　(C)作用力矩　　　　　(D)反作用力矩

57. XW系列自动平衡记录仪主要由(　　)、放大器、可逆电机、指示记录机构和调节机构等组成。

(A)测量桥路　　　　　(B)微动开关　　　　　(C)步进电机　　　　　(D)变流器

58. 自动平衡记录仪检定时,应取三个检定循环中误差(　　)作为该仪表的基本误差。

(A)最小的　　　　　(B)最大的　　　　　(C)平均值　　　　　(D)标准差

59. 热电阻的两个接线端子间如有金属屑或灰尖,则显示仪表的示值将(　　)。

(A)偏高　　　　　(B)没什么变化　　　　　(C)偏低或不稳定　　　　　(D)偏高20%左右

60. JF-12型晶体管放大器上的变流器的作用是将输入的直流信号调制成(　　)Hz的交流电压信号。

(A)50　　　　　(B)100　　　　　(C)200　　　　　(D)1 000

61. 用热电偶测量0℃以上温度时,若显示仪表相连接的补偿导线极性接反,仪表示值将(　　)。

(A)偏高　　　　　(B)正常　　　　　(C)偏低　　　　　(D)指向室温

62. 在0~1 000℃温区,测量准确度最高的温度计是(　　)。

(A)光学高温计　　　　　(B)铂电阻温度计　　　　　(C)热电偶　　　　　(D)半导体点温计

63. 以下种热电阻中,(　　)是非标准化热电阻。

(A)锗电阻　　　　(B)铂电阻　　　　(C)铜电阻　　　　(D)Pt10分度号电阻

64. 对 XW 系列自动平衡记录仪的检定,选用的整套检定设备的误差应小于被检仪表允许误差的(　　)分之一。

(A)十　　　　(B)二　　　　(C)五　　　　(D)三

65. 可单独地或与辅助设备一起,用以直接或间接确定被测量 对象(　　)的器具或装置叫计量器具。

(A)不确定度　　　　(B)系统误差　　　　(C)量值　　　　(D)修正值

66. 为了评定计量器具的(　　)特性,确定其是否符合法定要求所进行的全部工作,叫检定。

(A)准确　　　　(B)计量　　　　(C)可靠　　　　(D)量传

67. 强检计量器具包括用于贸易结算、(　　)、医疗卫生、安全防护四个方面并列入国家强检目录的计量器具。

(A)工业生产　　　　(B)环境监测　　　　(C)农业生产　　　　(D)国际建设

68. 压力式温度计检定时,恒温槽温度偏离检定点不应大于(　　)℃。

(A)0.3　　　　(B)04　　　　(C)0.5　　　　(D)1.0

69. 在动圈式温度仪表内,逆针调节磁路系统的磁分路片,仪表示值随之(　　)。

(A)减少　　　　(B)不变　　　　(C)锐减　　　　(D)增加

70. 下列几种热电偶中,(　　)是标准化热电偶。

(A)钨铼系　　　　(B)铁—康铜　　　　(C)铜—康铜　　　　(D)双铂钼

71. 检定证书必须有检定、检验和(　　)人员签字。

(A)主任　　　　(B)厂长　　　　(C)组长　　　　(D)主管

72. 依据检定规程,使用中的自动平衡记录仪检定时,绝缘强度、(　　)、运行试验等检定项目可以不检。

(A)行程时间　　　　(B)记录质量　　　　(C)绝缘电阻　　　　(D)外观

73. 压力式温度计检定时,读取测量值应估读到仪表分度值的(　　)分之一。

(A)十　　　　(B)五　　　　(C)二　　　　(D)四

74. DDZ-Ⅲ型电动单元组合仪表的现场传输信号为(　　)。

(A)1~5 V　　　　(B)0~5 V　　　　(C)0~20 mA　　　　(D)4~20 mA

75. DDZ-Ⅱ型电动单元合仪表采用(　　)统一的标准电信号。

(A)0~20 mA　　　　(B)4~20 mA　　　　(C)0~5 V　　　　(D)1~5 V

76. 对于数字温度指示调节仪的检定,要求整个检定设备的总不确定度应小于被检仪表允许误差的(　　)分之一。

(A)十　　　　(B)五　　　　(C)三　　　　(D)二

77. 数字温度指示调节仪检定时,应取二次测量中误差(　　)作为该仪表的基本误差。

(A)平均值　　　　(B)最小的　　　　(C)最大的　　　　(D)标准差

78. 标准油槽用于(　　)℃范围内玻璃液体温度计的检定。

(A)0~300　　　　(B)90~300　　　　(C)100~300　　　　(D)80~250

79. DDZ-Ⅲ型电动单元组合仪表,其现场传输信号是 4~20 mA,控制室联络信号为(　　)。

(A)0~5 V　　　　(B)0~10 V　　　　(C)0~20 mA　　　　(D)1~5 V

80. 在比例、积分、微分调节规律中,能实现超前调节,减少被调量动态偏差的是( )作用。

(A)比例 　　(B)积分 　　(C)微分 　　(D)比例积分

81. 在比例、积分、微分调节规律中,三种调节规律各处发挥不同的作用,起基本调节的是( )作用。

(A)比例 　　(B)积分 　　(C)微分 　　(D)比例积分

82. 标准水槽用于( )℃范围的玻璃液体温度计的检定。

(A)0～100 　　(B)0～90 　　(C)0～95 　　(D)25～100

83. DDZ-Ⅱ型仪表中的 DKJ 型仪表,其中"K"表示( )。

(A)变送单元 　　(B)执行单元 　　(C)转换单元 　　(D)显示单元

84. 共发射级晶体放大电路输入信号电压与输出信号电压相位差等于( )。

(A)90° 　　(B)0° 　　(C)45° 　　(D)180°

85. 甲类单管功率放大器特点是静态工作点设置在( )。

(A)直流负载线中点 　　　　(B)交流负载线中点

(C)输入特性曲线中点 　　　　(D)输出特性曲线中点

86. 标准油槽的工作温度应( )油的闪点温度。

(A)高于 　　(B)等于 　　(C)低于 　　(D)略高于

87. 热辐射是指能量从受热物体表面连续发射,并以( )的形式表现出来。

(A)X 射线 　　(B)红外线 　　(C)电磁波 　　(D)Y 射线

88. 物体表面粗糙度越高,其全辐射发射率( )。

(A)越大 　　(B)越小 　　(C)不变 　　(D)变化不定

89. 半导体热电阻的阻值随温度升高而( ),成指数关系。

(A)增加 　　(B)减小 　　(C)不变 　　(D)陡增

90. 应采用( )法对具有参考端温度自动补偿的 0.5 级自动平衡记录仪进行检定。

(A)测量接线端子处温度法 　　　　(B)双极法

(C)锰铜电阻法 　　　　(D)补偿导线法

91. 修正值的大小等于已定( )误差,但符号相反。

(A)方法 　　(B)随机 　　(C)测量 　　(D)系统

92. 半导体点温计检定时,恒温槽温度偏离检定点不应超过( )℃。

(A)0.1 　　(B)0.2 　　(C)0.5 　　(D)1.0

93. 半导体点温计检定时,读数应估读到仪表分度值的( )分之一。

(A)二 　　(B)三 　　(C)五 　　(D)十

94. 用接触法测量温度的根本条件,是要求温度计的感温元件与被测物体达到完全的( )。

(A)接触 　　(B)融合 　　(C)热平衡 　　(D)对流

95. 热电偶的老化、变质现象叫热电偶的( )。

(A)接触 　　(B)融合 　　(C)老化 　　(D)对流

96. 依据检定规程,对于使用中的动圈式温度仪表绝缘强度和( )两检定项目可以不检。

(A)阻尼时间 　　(B)越限 　　(C)绝缘电阻 　　(D)切换差

97. 某 0.5 级 0～800℃ 自动平衡记录仪的允许记录基本误差是( )mV(此表 800 ℃对应的电量值 33.277 mV)。

(A)0.166　　　　　(B)0.333　　　　　(C)0.666　　　　　(D)0.083

98. 检定计量器具时必须遵守的法定( )文件叫检定规程。

(A)参考　　　　　(B)管理　　　　　(C)技术　　　　　(D)程序

99. 按国家计量检定系统表规定的( )等级,用于检定较低,等级计量标准或计量器具的计量器具叫计量标准。

(A)稳定度　　　　(B)不确定度　　　　(C)灵敏度　　　　(D)准确度

100. 对应于所给置信概率的误差限与( )之比叫置信因数。

(A)测量误差　　　(B)标准偏差　　　　(C)电量程　　　　(D)基本误差

101. 动圈式温度指示仪表检定时,其计量标准低电势电位差计的准确度等级不应低于( )级。

(A)0.1　　　　　(B)0.5　　　　　(C)0.05　　　　　(D)0.02

102. XW 系列 0.5 级自动平衡记录仪检定时,其计量标准低电势电位差计的准确度等级不应低于( )级。

(A)0.1　　　　　(B)0.5　　　　　(C)0.02　　　　　(D)0.05 T

103. 局浸玻璃液体温度计检定时,按规程规定标准环境温度应为( )℃。

(A)18　　　　　　(B)20　　　　　　(C)23　　　　　　(D)25

104. 下面哪种分度号的热电偶的热电势与温度的线性关系最好:( )。

(A)S 型　　　　　(B)E 型　　　　　(C)K 型　　　　　(D)B 型

105. XW 系列自动平衡记录仪安装时,其电源线、控制级、热电偶连线应( )布线。

(A)距平行　　　　(B)绞合一起　　　　(C)穿入一根管　　　(D)分开

106. XW 系列自动平衡记录仪外部连线总电阻不得超过( )Ω。

(A)1 000　　　　　(B)500　　　　　(C)200　　　　　(D)100

107. 工业用廉金属热电偶检定时,炉温偏离检定点不应超过( )℃。

(A)10　　　　　　(B)5　　　　　　(C)3　　　　　　(D)2

108. 玻璃液体温度计按结构本分三种:透明棒式、内标式、( )。

(A)电接点式　　　(B)贝克曼式　　　　(C)外标式　　　　(D)水银式

109. 如果摄氏温度是 20 ℃,那么其对应的华氏温度是( )°F。

(A)68　　　　　　(B)72　　　　　　(C)293.15　　　　(D)4

110. 如果摄氏温度 18 ℃,那么其对应的热力学温度( )K。

(A)291.16　　　　(B)50　　　　　　(C)291.15　　　　(D)255.15

111. 电流继电器主要反映电流的变化,其工作线圈( )在被监视的电路中。

(A)并联　　　　　(B)串联　　　　　(C)混接　　　　　(D)混合

112. 继电器的工作线圈只要有一定的工作( )。常开触点就闭合,常闭触点就断开。

(A)电压　　　　　(B)吸引力　　　　　(C)电流　　　　　(D)阻抗

113. 标准偏差表征的是测量结果的( )。

(A)准确度　　　　(B)稳定度　　　　　(C)可靠性　　　　(D)分散性

114. 模/数转换器是数字温度表内的重要部件,它将连续变化的模拟信号转换成( )。

(A)压信号　　　　　(B)电流信号　　　　　(C)数字信号　　　　　(D)电阻信号

115. 数/模转换器(D/A)是数字式仪表内的重要部件,其功能是将数字信号转换成(　　)。

(A)报警　　　　　(B)模拟信号　　　　　(C)电压信号　　　　　(D)控制信号

116. 绝对黑体的全辐射发射率(　　)。

(A)大于1　　　　　(B)小于1　　　　　(C)等于0　　　　　(D)等于1

117. 热电偶偶丝越细,测量端焊点越小,其热惯性(　　)。

(A)越小　　　　　(B)越大　　　　　(C)不变　　　　　(D)变化不定

118. 玻璃液体温度计的示值是测温体(　　)大小的量度。

(A)体膨胀　　　　　(B)视膨胀　　　　　(C)视膨胀系数　　　　　(D)体积

119. 热力学温标是以(　　)为基础的。是一个与测温物质无关系的温标。

(A)热力学第一定律　　　　　　　　　　(B)热力学第二定律

(C)人们的经验　　　　　　　　　　　　(D)热力学第三定律

120. 对于 XW 系列行动平衡记录仪,其外部连线总电阻不得超过 1 000 Ω,以保证仪表具有足够的(　　)和阻尼特性。

(A)准确度　　　　　(B)稳定性　　　　　(C)灵敏度　　　　　(D)使用寿命

121. 对于 XW 系列自动平衡记录仪,其外部电阻不得超过 1 000 Ω,以保证仪表具有足够的(　　)。

(A)准确度　　　　　　　　　　　　　　(B)准确度和稳定性

(C)抗干扰性　　　　　　　　　　　　　(D)灵敏度和阻尼特性

122. XW 系自动平衡记录仪主要由测量桥路、放大器、(　　)、指示记录机构和调节机构组成。

(A)滑线电阻　　　　　(B)稳压电路　　　　　(C)可逆电机　　　　　(D)步进电机

123. 动圈式温度仪表中,张丝不但有(　　)、还有产生反作用力矩和向动圈引入电流的作用。

(A)支承作用　　　　　(B)平衡作用　　　　　(C)改善阻尼特性　　　　　(D)稳定的作用

124. 对于动圈式温度仪表,顺时针调节其磁路系统的磁分路片,则仪表表示值随之(　　)。

(A)减小　　　　　(B)增大　　　　　(C)不变　　　　　(D)变化不定

125. 目前我国生产的 XW 系列自动平衡记录仪中的测量桥路采用稳压电源供电,稳压电源提供的电压为(　　)V 的直流电压。

(A)2　　　　　(B)1　　　　　(C)0.5　　　　　(D)1.5

126. 张丝支承式动圈温度仪表的测量机构主要由动圈和指针、(　　)、支承系统以及串、并联电阻组成。

(A)磁铁　　　　　(B)稳压电路　　　　　(C)磁路系统　　　　　(D)断偶保护电路

127. 张丝支承式动圈式温度表的测量机构主要由(　　)、磁路系统、支承系统以及串、并联电阻组成。

(A)动圈和指针　　　　　　　　　　　　(B)动圈和磁铁

(C)动圈和张丝　　　　　　　　　　　　(D)动圈与热敏电阻

128. 玻璃液体温度计的零点位移是由于玻璃的(　　)引起的。

(A)硬度变化　　　　　(B)老化　　　　　(C)热后效　　　　　(D)材料

129. 玻璃液体温度计的测量上限受到玻璃的（   ）和测温物质的沸点限制。

(A)耐热性　　　　(B)热后效　　　　(C)老化　　　　(D)强度

130. 对于工业热电阻,用于绕制电阻丝的骨架材料有石英、云母、陶瓷、塑料等,其中只有（   ）骨架适用于 500 ℃以下温度的测量。

(A)石英　　　　(B)云母　　　　(C)陶瓷　　　　(D)塑料

131. WTZ 型压力式温度计主要的附加误差是由于（   ）的变化对测量的影响。

(A)大气压　　　　(B)室温　　　　(C)湿度　　　　(D)浸入深度

132. 动圈式温度仪表的测量机构中的温度补偿电阻 RT 是随温度升高而（   ）的。

(A)升高　　　　(B)不变　　　　(C)降低　　　　(D)陡增

133. 温度灯的主要用途是复现（   ）,以作为检定光学高温计,光电高温计的标准。

(A)颜色温度　　(B)实际温度　　(C)全辐射温度　　(D)亮度温度

134. 玻璃液体温度计的玻璃和感温液体要达到被测物体的温度需要一定时间,这个时间叫（   ）。

(A)时间常数　　(B)体膨胀系数　　(C)温度计隋性　　(D)热后效

135. 计量工作的基本任务是保证量值的准确、一致和测量器具的正确使用,确保国家计量法规和（   ）的贯彻实施。

(A)计量单位统一　　　　　　　　(B)法定单位

(C)计量检定规程　　　　　　　　(D)计量保证

136. 标准计量器具的准确度一般应为被检计量器具准确度的（   ）。

(A)1/2～1/5　　(B)1/5～1/10　　(C)1/3～1/10　　(D)1/3～1/5

137. 计量器具在检定周期内抽检不合格的,（   ）。

(A)由检定单位出具检定结果通知书

(B)由检定单位出具测试结果通知书

(C)由检定单位出具计量器具封存单

(D)应注销原检定证书或检定合格证、印

138. 校准的依据是（   ）或校准方法。

(A)检定规程　　　　　　　　　　(B)技术标准

(C)工艺要求　　　　　　　　　　(D)校准规范

139. 强制检定的计量器具是指（   ）。

(A)强制检定的计量标准

(B)强制检定的计量标准和强制检定的工作计量器具

(C)强制检定的社会公用计量标准

(D)强制检定的工作计量器具

140. 个体工商户制造、修理计量器具的范围和管理办法由（   ）制定。

(A)国务院计量行政部门　　　　　(B)国务院有关主管部门

(C)政府计量行政部门　　　　　　(D)政府有关主管部门

141. 为社会提供公证数据的产品质量检验机构,必须经（   ）对其计量检定、测试的能力攻可靠性考核合格。

(A)国务院计量行政部门　　　　　(B)有关人民政府计量行政部门

(C)省级以上人民政府计量行政部门　　　(D)县级以上人民政府计量行政部门

142. 实际用以检定计量标准的计量器具是（　　）。

(A)最高计量标准　　　　　　　　　(B)计量基准

(C)副基准　　　　　　　　　　　　(D)工作基准

143. 取得计量标准考核证书后,属企业、事业单位最高计量标准的,由（　　）批准使用。

(A)本单位　　　　　　　　　　　　(B)主管部门

(C)主持考核部门　　　　　　　　　(D)同级人民政府计量行政部门

144. 企业、事业单位建立本单位各项最高计量标准,须向（　　）申请考核。

(A)省级人民政府计量行政部门

(B)县级人民政府计量行政部门

(C)有关人民政府计量行政部门

(D)与其主管部门同级的人民政府计量行政部门

145. 伪造、盗用、倒卖强制检定印、证的,没收其非法检定印、证和全部非法所得,可并处
（　　）以下的罚款;构成犯罪的,依法追究刑事责任。

(A)3 000 元　　(B)2 000 元　　(C)1 000 元　　(D)500 元

146. 1984 年 2 月,国务院颁布《关于在我国统一实行（　　）》的命令。

(A)计量制度　　　　　　　　　　(B)计量管理条例

(C)法定计量单位　　　　　　　　(D)计量法

147. 法定计量单位中,国家选定的非国际单位制的质量单位名称是（　　）。

(A)公斤　　　　(B)公吨　　　　(C)米制吨　　　　(D)吨

148. 在国家选定的非国际单位制单位中,能的计量单位是电子伏,它的计量单位符号
是（　　）。

(A)EV　　　　(B)V　　　　(C)eV　　　　(D)Ve

149. 国际单位制中,下列计量单位名称不属于有专门名称的导出单位是（　　）。

(A)牛（顿）　　　(B)瓦（特）　　　(C)电子伏　　　(D)欧（姆）

150. 按我国法定计量单位使用方法规定,3 cm^2 应读成（　　）。

(A)3 平方厘米　　　　　　　　　(B)3 厘米平方

(C)平方 3 厘米　　　　　　　　　(D)3 个平方厘米

151. 按我国法定计量单位的使用规则,15 ℃应读成（　　）。

(A)15 度　　　(B)15 度摄氏　　　(C)摄氏 15 度　　　(D)15 摄氏度

152. 国际单位制中,下列计量单位名称属于基本单位名称的是（　　）。

(A)欧姆　　　　(B)伏特　　　　(C)瓦特　　　　(D)坎德拉

153. 测量结果与被测量真值之间的差是（　　）。

(A)偏差　　　(B)测量误差　　　(C)系统误差　　　(D)粗大误差

154. 随机误差等于误差减去（　　）。

(A)系统误差　　(B)相对误差　　(C)测量误差　　(D)测量结果

155. 修正值等于负的（　　）。

(A)随机误差　　(B)相对误差　　(C)系统误差　　(D)粗大误差

156. 按照 ISO 10012-1 标准的要求:（　　）。

(A)企业必须实行测量设备的统一编写管理办法

(B)必须分析计算所有测量的不确定度

(C)必须对所有的测量设备进行标识管理

(D)必须对所有的测量设备进行封缄管理

157. 计量检测体系要求对所有的测量设备都要进行(　　)。

(A)检定　　　　　(B)校准　　　　　(C)比对　　　　　(D)确认

158. (　　)定律为在工业测温中,应用补偿导线提供了理论基础。

(A)中间导体　　　(B)参考电极　　　(C)连接导体　　　(D)中间温度

159. 热电偶回路中的热电势与温度的关系称为热电偶的(　　)特性。

(A)温差　　　　　(B)热电　　　　　(C)热导　　　　　(D)热平衡

160. 采用同名极法检定热电偶是根据(　　)定律进行的。

(A)连接导体　　　(B)均质导体　　　(C)中间导体　　　(D)中间温度。

161. 利用开路热电偶测量液态金属和金属壁面的温度是根据(　　)定律进行的。

(A)均质导体　　　(B)连接导体　　　(C)中间导体　　　(D)中间温度

162. 连接导体定律为在工业测温中,应用(　　)提供了理论基础。

(A)热电偶检定　　(B)热电特性　　　(C)冷端补偿　　　(D)补偿导线

163. 中间温度定律为使用(　　)奠定了理论基础。

(A)双极法　　　　(B)同名极法　　　(C)微差法　　　　(D)分度表

164. S 型热电偶的稳定性与铂极纯度有密切关系,所以我国规定 S 型工业热电偶的电阻比 W(　　)。

(A)≥1.391 5　　(B)≥1.391 8　　(C)≥1.392 0　　(D)≥1.392 5

165. 钨铼热电偶在高温测试领域中是很有前途的一种,因绝缘材料限制,一般最高可使用到(　　)℃。

(A)2 200　　　　(B)2 300　　　　(C)2 400　　　　(D)2 500

166. 检定工作用玻璃液体温度计经稳定度试验后,其零点位置的上升值不得超过分度值的(　　)。

(A)1/2　　　　　(B)1/3　　　　　(C)1/4　　　　　(D)1/5

167. 工作用玻璃液体温度计零点检定时,温度计要垂直插入冰点槽中,距离器壁不得小于(　　)mm,待示值稳定后方可读数。

(A)10　　　　　　(B)15　　　　　　(C)20　　　　　　(D)25

168. 在检定工作用玻璃液体温度计时,整个读数过程中槽温变化不得超过 0.1 ℃,使用自控恒温槽时控温精度不得大于±(　　)。

(A)0.1 ℃/10 min　　　　　　　　　(B)0.2 ℃/10 min

(C)0.5 ℃/10 min　　　　　　　　　(D)0.05 ℃/10 min

169. 检定压力式温度计在读被检温度计示值时,视线应垂直于表盘,读数应估计到最小分度值的(　　)。

(A)1/2　　　　　(B)1/3　　　　　(C)1/5　　　　　(D)1/10

170. 在检定电接点压力式温度计时,被检电接点温度计设定指针指示的温度(检定点)与接点闭合或断开动作温度的差值即为接点动作误差,其最大值不应超过(　　)。

(A)允许基本误差的 1 倍　　　　　(B)允许基本误差的 1.5 倍

(C)允许基本误差绝对值的 1 倍　　(D)允许基本误差绝对值的 1.5 倍

171. 常温下对于长度超过 1 m 的热电偶,它的常温绝缘电阻值与其长度的乘积应不小于( )MΩ·m。

(A)40　　　　　(B)60　　　　　(C)80　　　　　(D)100

172. 规程要求检定工作用热电偶应选用低电势直流电位差计,其准确度不低于 0.02 级,最小步进值不大于( )μV 或具有同等准确度的其他设备。

(A)0.4　　　　　(B)0.5　　　　　(C)1　　　　　(D)2

173. 热电偶检定炉在均匀温场长度不小于 60 mm,半径为 14 mm 范围内,任意两点间温差不得大于( )℃。

(A)0.5　　　　　(B)1　　　　　(C)1.5　　　　　(D)2

174. 根据检定规程要求,检定贵金属热电偶多点转换开关的寄生电势应不大于( )μV。

(A)0.2　　　　　(B)0.4　　　　　(C)0.5　　　　　(D)1

175. 根据热电偶的测温原理可知,热电偶的热电势随着参考端温度的升高而( )。

(A)增大　　　　(B)略增　　　　(C)减小　　　　(D)不变

176. 根据检定规程要求,检定廉金属热电偶的多点转换开关寄生电势不应大于( )μV。

(A)0.5　　　　　(B)1　　　　　(C)2　　　　　(D)4

177. 在检定廉金属热电偶时,当炉温升到检定点温度,炉温变化小于( )时,自标准热电偶开始,依次测量各被检热电偶的热电动势。

(A)0.2 ℃/min　　(B)0.5 ℃/min　　(C)1 ℃/min　　(D)2 ℃/min

178. 在检定廉金属热电偶时,读数应迅速准确,时间间隔应相近,测量读数不应少于( )次。

(A)2　　　　　(B)3　　　　　(C)4　　　　　(D)5

179. 在检定廉金属热电偶时,读数应迅速准确,时间间隔应相近,测量读数不应少于 4 次,测量时管式电炉温度变化不大于±( )℃。

(A)0.05　　　　(B)0.25　　　　(C)0.5　　　　(D)1

180. 检定热电偶的控温设备,其控温精度应满足检定炉的恒温要求,一般应在 5～10 min 内,每分钟炉温变化不超过( )℃。

(A)0.1　　　　　(B)0.2　　　　　(C)0.25　　　　(D)0.5

181. 热电偶的退火温度和时间要严格按照规定进行操作是保证( )的重要因素。

(A)热电偶准确度　　　　　(B)热电偶稳定性

(C)退火质量　　　　　　　(D)热电偶使用寿命

182. 对廉金属热电偶退火要在其检定点的最高温度保持( )小时。

(A)1　　　　　(B)2　　　　　(C)3　　　　　(D)4

183. 从一个辐射源没经过任何媒介物,又没实际接触,就把热传递给另外一个物体,这种传热的现象称为( )。

(A)热对流　　　　(B)热传导　　　　(C)热辐射　　　　(D)热感应

184. 以辐射的形式发射、传播和接收的( )称辐射能。

(A)电磁波　　　　(B)能量　　　　(C)辐射强度　　　　(D)光谱辐射

185. 亮度测温法的测温原理是基于( )辐射定律,所测得的温度为亮度温度。
(A)普朗克　　　　(B)维恩位移　　　　(C)基尔霍夫　　　　(D)斯蒂芬

三、多项选择题

1. 热传递的基本方式包括( )。
(A)传导　　　　(B)对流　　　　(C)辐射　　　　(D)褶皱

2. 下列各项哪些是热传递的基本方式( )。
(A)变送　　　　(B)传导　　　　(C)对流　　　　(D)辐射

3. 数字温度指示调节仪和动圈式温度仪表相比有何优点( )。
(A)准确度　　　　(B)分辨率高　　　　(C)输入阻抗高　　　　(D)耐震动

4. 下列各项哪些是辐射温度计的测温方法( )。
(A)比较法　　　　(B)双极法　　　　(C)全辐射温度法　　　　(D)亮温法

5. 温度仪表现场使用时可能会受到( )。
(A)横向干扰　　　　(B)震动干扰　　　　(C)纵向干扰　　　　(D)光线干扰

6. 温度仪表受到的横向干扰的来源包括( )。
(A)交流电机　　　　(B)震动　　　　(C)交流导线　　　　(D)摇晃

7. 温度仪表受到的纵向干扰有哪几种来源( )。
(A)耐火砖漏电　　　　(B)不同的地电位　　　　(C)电场　　　　(D)摇晃

8. 用( )方法可消除温度仪表受到的横向干扰。
(A)热电偶保护管接地　　(B)远离电磁场　　(C)外加屏蔽　　(D)靠近电磁场

9. 用( )方法可消除温度仪表受到的纵向干扰。
(A)热电偶不与耐火砖接触　　　　　　(B)采用三线热电偶
(C)热电偶保护管接地　　　　　　　　(D)靠近电磁场

10. 用( )方法可消除温度仪表受到的各类干扰。
(A)热电偶不与耐火砖接触　　　　　　(B)采用三线热电偶
(C)热电偶保护管接地　　　　　　　　(D)远离电磁场

11. 用于绕制工业热电阻电阻丝的骨架材料有( )。
(A)石英　　　　(B)云母　　　　(C)陶瓷　　　　(D)塑料

12. 下列各项中( )属于非法,可处以下的罚款;构成犯罪的,依法追究刑事责任。
(A)伪造强制检定印　　　　　　　　(B)盗用强制检定印
(C)倒卖强制检定印　　　　　　　　(D)参加本专业继续教育

13. 法定计量单位中,国家选定的非国际单位制单位有( )。
(A)秒　　　　(B)瓦特　　　　(C)节　　　　(D)吨

14. 国际单位制中,下列计量单位名称中( )属于具有专门名称的导出单位。
(A)牛顿　　　　(B)瓦特　　　　(C)电子伏　　　　(D)欧姆

15. 下列计量单位中( )属于国际单位制的基本单位。
(A)欧姆　　　　(B)伏特　　　　(C)开尔文　　　　(D)坎德拉

16. 法定计量单位中,( )是国家选定的平面角单位。
(A)秒　　　　(B)分　　　　(C)度　　　　(D)公吨

17. 国际单位制中,下列计量单位名称不属于基本单位的有哪些( )。

(A)欧姆 (B)伏特 (C)秒 (D)坎德拉

18. 温度变送器的输出信号包括( )。

(A)4~20 mA (B)4~20 Ma (C)1~5 V (D)4~50 mA

19. 检定证书必须有下列( )人员签字。

(A)主任 (B)检定 (C)检验 (D)主管

20. 下列各项哪些是国家选定的非国际单位制单位( )。

(A)分 (B)小时 (C)天 (D)公吨

21. 检定双金属温度计时,其部件应( )。

(A)不透明 (B)不得松动 (C)不得锈蚀 (D)装配牢固

22. 检定双金属温度计时,其刻线、数字应( )。

(A)清晰 (B)完整 (C)正确 (D)透明

23. 双金属温度计按结构的不同可分( )。

(A)带微处理器式 (B)可调角式 (C)电接点式 (D)显示式

24. 双金属温度计主要由( )组成。

(A)指针 (B)度盘 (C)保护管 (D)感温元件

25. 国际单位制中的辅助单位的有( )。

(A)平面角 (B)立体角 (C)秒 (D)坎德拉

26. 国际单位制由( )组成。

(A)SI 单位 (B)SI 词头 (C)SI 单位的倍数和分数 (D)感温元件

27. 中国法定计量单位由( )组成。

(A)国际单位制单位 (B)坎德拉
(C)中国选定的非国际单位制单位 (D)感温元件

28. 使用温度仪表进行控温的控温方式有( )。

(A)位式 (B)连续 PID (C)断续 PID (D)坎德拉

29. 在数字电路中,最基本的逻辑关系有( )。

(A)与 (B)或 (C)非 (D)安培

30. 在 PID 调节规律中,包含了哪些调节规律( )。

(A)比例 (B)积分 (C)安培 (D)积分

31. 高精密温度计的分度值有( )。

(A)0.01 (B)0.02 (C)0.5 (D)0.05

32. 普通温度计的分度值有( )。

(A)0.1 (B)0.2 (C)0.5 (D)2.0

33. 误差的分布规律主要有( )。

(A)均匀分布 (B)正太分布 (C)T 分布 (D)三角分布

34. 计量检定印包括( )。

(A)錾印 (B)喷印 (C)漆封印 (D)钳印

35. 关于热电偶测温回路定律包括( )。

(A)均质导体定律 (B)PID 调节规律 (C)中间导体定律 (D)中间温度定律

36. 对热电偶参考端温度进行补偿,常用的补偿方法有( )。

(A)计算法　　　　(B)调零法　　　　(C)冰点槽法　　　　　　(D)双极法

37. 工业热电偶常采用比较法进行检定,比较法分为( )。

(A)同名极法　　　(B)双极法　　　　(C)冰点法　　　　　　　(D)微差法

38. 对热电偶进行退火的方法有( )。

(A)同名极法　　　(B)双极法　　　　(C)炉中退火　　　　　　(D)通电退火

39. 在辐射测温学中,视在温度哪几类( )。

(A)亮度温度　　　(B)辐射温度　　　(C)颜色温度　　　　　　(D)记录温度

40. 在辐射测温学中有哪三条基本黑体辐射定律( )。

(A)颜色　　　　　(B)普朗克　　　　(C)维恩位移　　　　　　(D)斯蒂芬—玻尔兹曼

41. 正弦量的三要素是指( )。

(A)维恩位移　　　(B)最大值　　　　(C)频率　　　　　　　　(D)初相角

42. 计量检定机构可以分为( )。

(A)调节　　　　　(B)政府　　　　　(C)法定计量检定机构　　(D)一般计量检定机构

43. 电路一般由( )构成。

(A)负载　　　　　(B)电源　　　　　(C)连接导线　　　　　　(D)控制设备

44. 电流以对人体的伤害可分( )。

(A)热性质的伤害　(B)化学性质的伤害(C)生理性质　　　　　　(D)小型

45. 触发电路必须具备( )基本环节。

(A)调节信号　　　(B)同步电压形成　(C)脉冲形成　　　　　　(D)输出

46. 检定直径为 1.0 毫米镍铬—镍硅热电偶应检定( )℃温度点。

(A)400　　　　　　(B)600　　　　　(C)800　　　　　　　　(D)1 000

47. 检定直径为 1.2 毫米 K 分度号热电偶应检定( )℃温度点。

(A)400　　　　　　(B)600　　　　　(C)800　　　　　　　　(D)1 000

48. 检定 PT100 分度号工业热电阻应检定( )℃温度点。

(A)400　　　　　　(B)600　　　　　(C)0　　　　　　　　　(D)100

49. 检定 CU50 分度号工业热电阻应检定( )℃温度点。

(A)400　　　　　　(B)600　　　　　(C)0　　　　　　　　　(D)100

50. 检定直径为 0.5 毫米 J 分度号热电偶应检定( )℃温度点。

(A)400　　　　　　(B)100　　　　　(C)200　　　　　　　　(D)300

51. 红外测温仪由( )组成。

(A)光学系统　　　(B)探测器　　　　(C)信号处理　　　　　　(D)显示

52. 下列各因素中,( )能决定红外测温仪的准确度。

(A)辐射系数　　　(B)距离比　　　　(C)视场　　　　　　　　(D)平衡

53. 下列各因素中,( )能影响红外测温仪的准确度。

(A)水蒸气　　　　(B)灰尘　　　　　(C)驱动　　　　　　　　(D)烟雾

54. 表面温度计按显示方式可分为( )。

(A)自动平衡式　　(B)数字式　　　　(C)指针式　　　　　　　(D)长图

55. 表面温度计由( )组成。

(A)表面热电偶　　　(B)补偿导线　　　(C)指示仪表　　　(D)偶数法则

56. 表面温度计主要用于(　　)的温度测量。

(A)水中　　　(B)油内　　　(C)静态物体表面　　　(D)动态物体表面

57. 不确定度主要来源于(　　)方面。

(A)测量设备　　　(B)测量环境　　　(C)测量人员　　　(D)测量方法

58. 寻找不确定度主要来源时应注意(　　)。

(A)不遗漏　　　(B)不重复　　　(C)不缺笔画　　　(D)亮度均匀

59. 随机变量主要有(　　)。

(A)驱动型　　　　　　　　(B)程序调节型

(C)连续型随机变量　　　　(D)离散型随机变量

60. S分度号热电偶检定时,应测量(　　)℃点。

(A)419　　　(B)660　　　(C)1 085　　　(D)200

61. 常用热电偶分度号有(　　)。

(A)T　　　(B)S　　　(C)P　　　(D)H

62. 常用热电阻分度号有(　　)。

(A)Pt100　　　(B)S　　　(C)Cu50　　　(D)T

63. 强制检定工作计量器具包括以下(　　)方面的计量器具。

(A)工业企业　　　(B)贸易结算　　　(C)安全防护　　　(D)医疗卫生

64. 下列哪种分度号热电偶是标准化热电偶。(　　)

(A)K　　　(B)W　　　(C)T　　　(D)N

65. 热电阻的接线方法主要有(　　)。

(A)二线制　　　(B)三线制　　　(C)四线制　　　(D)五线制

66. 热电偶的热电势主要与下列(　　)方面有关。

(A)测量端温度　　　(B)参考端温度　　　(C)热电偶长度　　　(D)热电偶的电阻

67. 热电偶的测量端应焊接牢固,表面应(　　)。

(A)光滑　　　(B)有气孔　　　(C)无气孔　　　(D)呈球状

68. 测量 600 ℃的炉内温度适合用哪种分度号热电偶。(　　)

(A)J　　　(B)K　　　(C)E　　　(D)N

69. XW 系列自动平衡记录仪主要由(　　)组成。

(A)测量桥路　　　(B)指示记录机构　　　(C)可逆电机　　　(D)调节机构

70. 压力式温度计主要由(　　)组成。

(A)测量桥路　　　(B)感温包　　　(C)毛细管　　　(D)盘簧管

71. 压力式温度计的种类可分为(　　)。

(A)充水银式　　　(B)充气式　　　(C)充蒸发液体式　　　(D)充液体式

72. 普通热电偶的主要由(　　)组成。

(A)热电极　　　(B)绝缘材料　　　(C)保护管　　　(D)接线盒

73. 热电偶的损坏程度一般分为(　　)。

(A)轻度　　　(B)中度　　　(C)较严重　　　(D)严重

74. 热电偶的电极丝应平直且(　　)。

（A）无腐蚀 （B）无裂痕 （C）均匀 （D）呈球状

75. 普通热电偶的热惰性级别有（　　）。

（A）Ⅰ级 （B）Ⅱ级 （C）Ⅲ级 （D）Ⅳ级

76. 工业过程记录仪上应标有（　　）标志。

（A）厂名 （B）编号 （C）等级 （D）分度号

77. 用热电阻测量温度时，热电阻的最小插入深度一般应大于保护管外径的（　　）倍。

（A）5 （B）8 （C）9 （D）10

78. 铠装热电阻是由（　　）三者组合加工而成的。

（A）电阻体 （B）绝缘材料

（C）金属套管 （D）盘簧管

79. 玻璃液体温度计的玻璃棒应（　　）。

（A）透明 （B）无裂痕 （C）无气泡 （D）无影响读数的缺陷

80. 误差的两种基本表现形式是（　　）。

（A）绝对误差 （B）相对误差 （C）系统误差 （D）随机误差

81. 下列各项中（　　）是国际单位制的基本单位的单位符号。

（A）K （B）kg （C）s （D）P

82. 下列各项中（　　）是非标准化热电阻。

（A）热敏电阻 （B）铜热电阻 （C）碳热电阻 （D）铂热电阻

83. 廉金属热电偶测量端焊点的型式有（　　）。

（A）对焊 （B）绞状点焊 （C）点焊 （D）测桥量路

84. 配阻动圈式温度仪表的安装接线方法主要有（　　）。

（A）一线接法 （B）二线接法 （C）三线接法 （D）五线接法

85. 常用的测温仪表可分为（　　）。

（A）接触式 （B）平衡式 （C）数字式 （D）非接触式

86. 热电偶所产生的电动势是由（　　）电势所组成。

（A）温差电势 （B）放大器 （C）三线接法 （D）接触电势

87. 温辐射温度计的测温方法包括（　　）。

（A）亮温法 （B）色温法 （C）三线接法 （D）全辐射温度法

88. 张丝支承式动圈温度仪表的测量机构主要由（　　）组成。

（A）动圈和指针 （B）支承系统 （C）磁路系统 （D）串、并联电阻

89. 玻璃液体温度计按结构分为（　　）。

（A）棒式 （B）内标式 （C）外标式 （D）四线式

90. 玻璃水银温度计有（　　）特点。

（A）不粘玻璃 （B）灵敏度不高 （C）不易氧化 （D）传热快

91. 有机液体温度计有（　　）的特点。

（A）不粘玻璃 （B）灵敏度不高 （C）刻度不均匀 （D）传热慢

92. 玻璃液体温度计按填充物不同可分（　　）。

（A）水银温度计 （B）有机液体温度计 （C）外标式 （D）四线式

93. 膨胀式温度计分（　　）。

(A)棒式　　　　　　(B)液体膨胀式　　　(C)气体膨胀式　　　(D)固体膨胀式

94. 工业热电阻中的电阻体元件主要有( )型式。

(A)玻璃棒　　　　　(B)线绕　　　　　　(C)膜式　　　　　　(D)安全泡

95. 膨胀式温度计具有( )的特点。

(A)结构简单　　　　(B)使用方便　　　　(C)价格低　　　　　(D)坚固耐用

96. 双金属温度计具有( )的特点( )。

(A)结构简单　　　　(B)使用方便　　　　(C)价格低　　　　　(D)坚固耐用

97. 下列各项中( )是玻璃液体温度计的主要组成部分。

(A)测量桥路　　　　(B)玻璃棒　　　　　(C)毛细管和液柱　　(D)盘簧管

98. 带温度传感器的温度变送器主要由( )组成。

(A)毛细管　　　　　(B)传感器　　　　　(C)信号转换器　　　(D)盘簧管

99. 温度变送器主要有( )。

(A)带温度传感器的　　　　　　　　　　(B)不带温度传感器的

(C)内标式　　　　　　　　　　　　　　(D)外标式

100. 数字式温度仪表有( )的特点。

(A)读数直观　　　　(B)配接灵活　　　　(C)抗干扰性好　　　(D)坚固耐用

101. 申请计量检定员资格应当具备的条件( )。

(A)具备中专(含高中)或相当于中专(含高中)毕业以上文化程度

(B)连续从事计量专业技术工作满1年,并具备6个月以上本项目工作经历

(C)具备相应的计量法律法规以及计量专业知识

(D)熟练掌握所从事项目的计量检定规程等有关知识和操作技能

102. 计量检定人员享有( )的权利。

(A)在职责范围内依法从事计量检定活动

(B)依法使用计量检定设施,并获得相关技术文件

(C)参加本专业继续教育

(D)使用未经考核合格的计量标准开展计量检定

103. 计量检定人员应当履行( )的义务。

(A)依照有关规定和计量检定规程开展计量检定活动,恪守职业道德

(B)保证计量检定数据和有关技术资料的真实完整

(C)正确保存、维护、使用计量基准和计量标准

(D)承担质量技术监督部门委托的与计量检定有关的任务

104. 表面热电阻上应标有下列( )标志。

(A)厂名　　　　　　(B)编号　　　　　　(C)测量范围　　　　(D)分度号

105. 水三相点温度是指下列水的( )状态平衡共存时的温度。

(A)水　　　　　　　(B)冰　　　　　　　(C)汽　　　　　　　(D)流动

106. 计量标准的使用,必须具备下列( )条件。

(A)有厂家出具的合格证

(B)经计量检定合格而且具有正常工作所需要的环境条件

(C)具有称职的保存、维护、使用人员

(D)具有完善的管理制度

107. 计量检定人员有下列(　　)行为时,可给予行政处或依法追究刑事责任。

(A)伪造检定数据的

(B)出具错误数据,给送检一方造成损失的

(C)违反计量检定规程进行计量检定的

(D)使用未经考核合格的计量标准开展检定的

108. 检定表面热电阻时,其部件应(　　)。

(A)无锈蚀　　　　(B)无破损　　　　(C)无缺陷　　　　(D)装配正确

109. 测量误差主要来源于(　　)方面。

(A)设备误差　　　(B)环境误差　　　(C)人员误差　　　(D)测量方法

110. 1990 年国际实用温标包括(　　)。

(A)国际实用开尔文温度　　　　　　(B)国际实用摄氏用温度

(C)华氏温度　　　　　　　　　　　(D)列氏温度

111. 表面温度计的准确度等级有(　　)。

(A)0.1　　　　　(B)0.2　　　　　(C)2.5　　　　　(D)3.0

112. 测量误差按性质分可分为(　　)。

(A)随机误差　　　(B)系统误差　　　(C)人员误差　　　(D)粗大误差

113. 测温仪表的准确度等级有(　　)。

(A)0.1　　　　　(B)0.2　　　　　(C)0.5　　　　　(D)1.5

114. 玻璃液体温度计按使用时浸没的方式不同可分为(　　)。

(A)水银式　　　　(B)全浸式　　　　(C)局浸式　　　　(D)粗大误差

115. 玻璃液体温度计按使用对象不同可分(　　)。

(A)标准玻璃液体温度计　　　　　　(B)工作用玻璃液体温度计

(C)特殊温度计　　　　　　　　　　(D)普通温度计

116. 玻璃液体温度计按分度值不同可分(　　)。

(A)酒精温度计　　(B)高精密温度计　(C)普通温度计　　(D)水银温度计

117. 工业过程记录仪具有(　　)的特点(　　)。

(A)结构简单　　　(B)可靠性高　　　(C)功能齐全　　　(D)使用方便

118. 工业过程记录仪按所配附加装置的不同可分为(　　)。

(A)局浸式　　　　(B)显示式　　　　(C)调节式　　　　(D)报警式

119. 工业过程记录仪按外形大小的不同可分为(　　)。

(A)大型　　　　　(B)中型　　　　　(C)小型　　　　　(D)条型

120. 工业过程记录仪按外形形状的不同可分为(　　)。

(A)调节　　　　　(B)圆图　　　　　(C)长图　　　　　(D)条型

121. 数字式温度仪表按功能的不同可分(　　)。

(A)显示型　　　　(B)显示调节报警型　(C)巡回检测型　　(D)记录型

122. 数字式温度仪表按结构的不同可分(　　)。

(A)带微处理器　　(B)不带微处理器　(C)中型　　　　　(D)小型

123. 数字式温度仪表的输出调节信号分(　　)。

(A)位式调节信号　　(B)连续 PID　　　(C)断续 PID　　　(D)显示信号

124. 检定数据的修约应循(　　)法则。

(A)最大值　　　　(B)四舍五入　　　(C)偶数法则　　　(D)小型

125. 动圈式温度仪表检定时,设定点偏差应在标尺的(　　)附近进行。

(A)10%　　　　　(B)50%　　　　　(C)70%　　　　　(D)90%

126. 工业热电阻按分度号不同可分(　　)。

(A)PT100　　　　(B)PT10　　　　　(C)CU50　　　　　(D)T

127. 局浸玻璃液体温度计应标有(　　)标志。

(A)厂名　　　　　(B)浸没标志　　　(C)工作电压　　　(D)℃

128. 热电偶按结构形式不同分(　　)。

(A)普通型　　　　(B)铠装型　　　　(C)表面型　　　　(D)多点型

129. 利用热电偶测温具有(　　)的特点。

(A)结构简单　　　(B)精度高　　　　(C)动态响应快　　(D)可远距离测温

130. 铠装热电偶按测量端不同分(　　)。

(A)碰底型　　　　(B)不碰底型　　　(C)露头型　　　　(D)帽型

131. 利用铠装热电偶测温具有(　　)的优点。

(A)热容量大　　　(B)可弯曲　　　　(C)动态响应快　　(D)寿命长

132. 利用辐射温度计测温受环境影响较大,如(　　)。

(A)烟雾　　　　　(B)灰尘　　　　　(C)水蒸气　　　　(D)二氧化碳

133. 现场检查仪表故障的原则包括(　　)。

(A)由大到小　　　(B)由表及里　　　(C)由简到繁　　　(D)结构简单

134. 工业过程记录仪按原理可分为(　　)。

(A)自动平衡式　　(B)直接驱动式　　(C)长图　　　　　(D)条型

135. 工业过程记录仪按显示方式可分为(　　)。

(A)大圆图　　　　(B)模拟　　　　　(C)大长图　　　　(D)数字

136. 工业过程记录仪按记录通道的不同可分为(　　)。

(A)多通道　　　　(B)大圆图　　　　(C)单通道　　　　(D)条型

137. 自动调节系统的主要类型包括(　　)。

(A)直接驱动系统　　　　　　　　　(B)程序调节系统

(C)随动调节系统　　　　　　　　　(D)定值调节系统

138. 数字式温度仪检定时,其显示值应(　　)。

(A)清晰　　　　　(B)无叠字　　　　(C)不缺笔画　　　(D)亮度均匀

139. 数字式温度仪表检定时,其部件应(　　)。

(A)无松动　　　　(B)无破损　　　　(C)无缺陷　　　　(D)呈条型

140. 工业过程记录仪检定时,其记录曲线应符合(　　)。

(A)无断线　　　　(B)无漏打　　　　(C)无乱打　　　　(D)打点清楚

141. 工业过程记录仪检定时,其记录纸不应该(　　)。

(A)呈条形　　　　(B)脱出　　　　　(C)歪斜　　　　　(D)褶皱

142. 压力式温度计检定时,其部件应(　　)。

(A)无松动　　　　(B)无破损　　　　(C)无缺陷　　　　(D)铠装

143. 压力式温度计检定时,其刻度、数字应(　　)。

(A)呈圆形　　　　(B)完整　　　　(C)清晰　　　　(D)准确

144. 压力式温度计检定时,其指针应(　　)。

(A)移动平稳　　　　(B)无跳动　　　　(C)无停滞　　　　(D)无破损

145. 动圈式温度仪表检定时,其指针移动时应(　　)。

(A)平稳　　　　(B)无卡针　　　　(C)无摇晃　　　　(D)无停滞

146. 热电偶是一种(　　)。

(A)传感器　　　　(B)仪表　　　　(C)毛细管　　　　(D)放大器

147. 测量不确定度按数值的评定方法可分为(　　)。

(A)A类不确定度　　　　　　　　(B)B类不确定度

(C)C类不确定度　　　　　　　　(D)D类不确定度

148. 下列各项中(　　)是普通热电阻的主要组成部分。

(A)电阻体　　　　(B)绝缘材料　　　　(C)毛细管　　　　(D)保护管

149. 动圈式温度仪表检定时,倾斜误差应在标尺的(　　)附近进行。

(A)上限值　　　　(B)50%　　　　(C)70%　　　　(D)下限值

150. 下列各项(　　)是水三相点的温度。

(A)0.01 ℃　　　　(B)0 ℃　　　　(C)0.1 ℃　　　　(D)273.16 K

151. 玻璃液体温度计的液柱运动时不应有(　　)现象。

(A)断裂　　　　(B)挂液　　　　(C)停滞　　　　(D)跳跃

152. 量的约定真值可充分地接近真值,在实际测量中,通常以被测量的(　　)作为真值。

(A) 标准偏差　　　　　　　　(B)实际值

(C) 已修正的算术平均值　　　　(D)计量标准所复现的量值

153. 下列各项中,(　　)是水沸点的温度。

(A) 100 ℃　　　　(B) 373.16K　　　　(C)102 ℃　　　　(D)373.15K

154. 使用中的工业热电阻的检定项目有(　　)。

(A)外观　　　　(B) 绝缘电阻　　　　(C)允差　　　　(D)接线

155. 下列各项中(　　)是标准化热电阻。

(A)铂热电阻　　　　(B)铜热电阻　　　　(C)碳热电阻　　　　(D)铁热电阻

156. 铂铑$_{10}$—铂热电偶的检定应在(　　)℃温度点上进行。

(A)419.527　　　　(B)660.323　　　　(C)1 084.62　　　　(D)1 200

157. 热电偶的保护管的材料主要有(　　)。

(A)瓷管　　　　(B)不锈钢管　　　　(C)石英管　　　　(D)铜管

158. 对(　　)强制检定印、证的,没收其非法检定印、证和全部非法所得,可并处2 000元以下的罚款;构成犯罪的,依法追究刑事责任。

(A) 伪造　　　　(B) 盗用　　　　(C) 倒卖　　　　(D) 使用

159. 强制检定的计量器具包括下列哪些方面(　　)。

(A) 用于安全防护的

(B) 社会公用计量标准

(C) 部门企事业单位的最高计量标准

(D) 用于贸易结算、安全防护、医疗卫生、环境监测并列入国家强检目录的

160. 压力式温度计的主要技术指标包括(　　　)。

(A)测温范围　　　(B) 精度等级　　　(C) 安装螺纹　　　(D) 放大器

161. 下列各项中(　　　)是 B 类不确定度评定的信息来源。

(A) 测量仪器准确度　　　　　　　　(B)校准证书上的数据

(C) 手册上的数据　　　　　　　　　(D)有关技术资料

162. 测量 1 100 ℃的炉内温度适合用下列哪种分度号热电偶。(　　　)

(A)S　　　　　(B)K　　　　　(C)E　　　　　(D)N

163. 下列各项中(　　　)是测量不确定度的基本报告形式(测量结果 $t=400.6$ ℃,扩展不确定度为 0.2 ℃,包含因子 $k=2$)。

(A)$t=400.6$ ℃,$U=0.2$ ℃　　　　(B)$t=(400.6\pm0.2)$ ℃

(C)$t=400.6$ ℃,$U=0.2$ ℃;$k=2$　　(D) $t=(400.6\pm0.2)$ ℃;$k=2$

164. 电接点玻璃水银温度计应标有(　　　)标志。

(A)厂名　　　　(B)编号　　　　(C)工作电压　　　　(D)℃

165. 电接点玻璃水银温度计的种类可分为(　　　)。

(A)可调式　　　(B)固定式　　　(C)充蒸发液体式　　(D)充液体式

166. 电接点玻璃水银温度计的液柱不应有(　　　)现象。

(A)中断　　　　(B)自流　　　　(C)停滞　　　　(D)跳跃

167. 下列各项中(　　　)是双金属温度计的主要组成部分。

(A)盘簧管　　　(B) 双金属元件　　(C) 保护管　　　(D) 度盘

168. 双金属温度计主要有哪几种。(　　　)

(A)盘簧管　　　　　　　　　　　(B)度盘双金属温度计

(C)可调角双金属温度计　　　　　　(D)电接点双金属温度计

169. 双金属温度计的度盘应标有(　　　)标志。

(A)厂名　　　　(B)编号　　　　(C)等级　　　　(D)℃

170. 双金属温度计检定时,其刻度、数字应(　　　)。

(A)准确　　　　(B)完整　　　　(C)清晰　　　　(D) 跳跃

171. 双金属温度计检定时,其部件应(　　　)。

(A)无锈蚀　　　(B)无破损　　　(C)无缺陷　　　(D)装配牢固

172. 检定 2 级 T 分度号热电偶时应检定(　　　)℃温度点。

(A)100　　　　(B)200　　　　(C)300　　　　(D)400

173. 检定直径为 1.2 毫米 E 分度号热电偶应检定(　　　)℃温度点。

(A)100　　　　(B)300　　　　(C)400　　　　(D)1 000

174. 检定直径为 2.5 毫米 E 分度号热电偶应检定(　　　)℃温度点。

(A)50　　　　　(B)200　　　　(C)400　　　　(D)600

175. 检定直径为 1.2 毫米 N 分度号热电偶应检定(　　　)℃温度点。

(A)400　　　　(B)600　　　　(C)800　　　　(D)1 000

176. 检定直径为 1.0 毫米 N 分度号热电偶应检定(　　　)℃温度点。

(A)400　　　　　　　(B)600　　　　　　　(C)800　　　　　　　(D)1 000

177. 检定直径为 3.2 毫米 E 分度号热电偶应检定(　　)℃温度点。

(A)1 000　　　　　(B)400　　　　　　　(C)600　　　　　　　(D)700

178. 检定直径为 3.2 毫米 J 分度号热电偶应检定(　　)℃温度点。

(A)1 000　　　　　(B)200　　　　　　　(C)400　　　　　　　(D)600

179. 热电阻的允差等级主要有(　　)。

(A)A 级　　　　　　(B)AA 级　　　　　　(C)B 级　　　　　　(D)C 级

180. 检定热电阻时,其部件应(　　)。

(A)无锈蚀　　　　　(B)无破损　　　　　　(C)无缺件　　　　　　(D)装配正确

181. 热电阻上应标有下列(　　)标志。

(A)厂名　　　　　　(B)允差等级　　　　　(C) 温度范围　　　　　(D)标称电阻值

182. 高精密玻璃液体温度计的分度值有(　　)。

(A)0.01　　　　　　(B)0.02　　　　　　(C)0.05　　　　　　(D)0.1

183. 普通玻璃液体温度计的分度值有(　　)。

(A)0.1　　　　　　(B)0.2　　　　　　(C)0.5　　　　　　(D)2.0

四、判　断　题

1. 欧姆定律适用于交流电的最大值或有效值。(　　)

2. 所谓容抗,是指电容元件两端的电压与电流瞬时值的比值。(　　)

3. 在直流电路中,由于直流的频率为零,所以容抗感抗都为零。(　　)

4. 只有当稳压电路两端的电压大于稳压管击穿电压量,稳压管才起稳压作用。(　　)

5. 只要将放大器的输出引入到输入端,该放大器就会成为振荡器。(　　)

6. 动圈式温度仪表的表头线圈有部分短路现象时,将使仪表的指针移动迟缓。(　　)

7. 热敏电阻、碳电阻都属于非标准化热电阻。(　　)

8. 在热电偶材料允许范围内,热电偶偶丝越粗,其测温范围越大。(　　)

9. 热电偶偶丝越细,测量端焊点越小,其热惯性越小。(　　)

10. 绝对黑体的吸收系数总小于 1。(　　)

11. 物体表面粗糙度越高,其全辐射率越低。(　　)

12. 我国现行的国际温标是 IPTS-68。(　　)

13. 模/数转换器是数字温度表内的重要部件,它将连续变化的模拟量转换成断续变化的数字量。(　　)

14. 数/模转换器(D/A)是数字式仪表内的重要部件,它的功能是将数字量转换成连续变化的模拟量。(　　)

15. 反馈调节系统是根据被调量和给定值的偏差进行调节的。(　　)

16. 积分调节作用能紧跟被调量偏差的变化,因此积分调节作用是及时的。(　　)

17. 闭环调节系统一定是反馈调节系统。(　　)

18. 压力式温度计检定时,其上、下限只进行单行程的基本误差检定。(　　)

19. 压力式温度计检定时,标准水槽的温度偏离检定点应在 1.0 ℃以内。(　　)

20. 检定工作用玻璃液体温度时,读数要估读到其分度值的五分之一。(　　)

21. 检定工作用局浸玻璃液体温度计时,浸没深度按规定不应小于 60 mm。(　　)

22. 检定工作用廉金属热电偶时,按规定炉温偏离检定点不应超过 5 ℃。(　　)

23. 工作用玻璃液体温度计的修正值等于其示值减去恒温槽实际温度。(　　)

24. 半导体点温计检定时,在每个检定点读数前必须校满度。(　　)

25. 半导体点温计的倾斜误差的检定应在其测量范围的 50% 附近的刻度线进行。(　　)

26. 修正值的大小等于已等于定系统误差,但符号相反。(　　)

27. 半导体点温计检定时,实际温度为 50.2 ℃,被检温度计示值为 50.7 ℃,那么其修正值为 0.5 ℃。(　　)

28. 1 开尔文在大小上等于 1 摄氏度。(　　)

29. 水三相点的摄氏温度为 -0.01 ℃。(　　)

30. 热力学温标是用水银温度计来实现的。(　　)

31. 铜热电阻的测温上限最高可达 150 ℃。(　　)

32. 工作铂热电阻有 A 级和 B 级,其电阻温度系数应为 0.003 910。(　　)

33. 工业热电阻在使用中,三线制接线方法的测量误差最小。(　　)

34. 温度差是驱动热量传递的动力。(　　)

35. 根据检定规程,使用中的数字温度指示调节仪的分辨力检定项目可以不检定。(　　)

36. 根据检定规程,使用中的数字温度指示调节仪的绝缘电阻检定项目可以不检定。(　　)

37. 摄氏温度 t 与热力学温度 T 的关系是 $t = T - 273.16$。(　　)

38. XW 系列自动平衡记录仪主要由测量桥路、放大器、步进电机、指示记录机构和调节机构组成。(　　)

39. 热电阻的两个接线端之间如有铁屑或灰尘,则显示仪表的示值将偏高。(　　)

40. 为了评定计量器具的计量特性,确定其是否符合法定要求所进行的全部工作叫检定。(　　)

41. 在动圈式温度仪表内,顺时针调节磁路系统的磁分路片,仪表值将减少。(　　)

42. 检定证书必须有检定员核验员、和厂长签字。(　　)

43. DDZ-Ⅲ型电动单元组合仪表的现场传输信号是 0~20 mA。(　　)

44. DDZ-Ⅱ型电动单元组合仪表的统一标准电信号是 1~5 V。(　　)

45. 标准油槽的工作温度应低于油的闪点温度。(　　)

46. 物体表面粗糙度超高,其全辐射发射率越大。(　　)

47. 半导体热电阻的阻值随温度升高而减小。(　　)

48. 热辐射是指能量从受热物体的表面连续发射,并以红外线的形式表现出来。(　　)

49. 用接触法测量温度的根本条件,是温度计的感温元件现被测物体达到完成的热平衡。(　　)

50. 对于所给置信概率的误差限与约定真值之比叫置信因数。(　　)

51. XW 系列自动平衡记录仪安装时,其电源线,控制线信号线应近距平行布线。(　　)

52. XW 系列自动平衡记录仪的外部连线总电阻不得超过 1 000 Ω。(　　)

53. 标准偏差表征的是测量结果的准确度。(　　)

54. 加在计量器具上证明计量器具已进行过检定的标记叫检定标记。（　　）

55. 局浸玻璃液体温度计检定时,标准环境温度规定为 20 ℃。（　　）

56. JJG363-84 半导体点温计检定规程不适用数字半导体点温度计的检定。（　　）

57. XWC-300 型自动平衡记录仪的测量桥中的滑线电阻 R_H 和与之并联的工艺电阻 R_B 的等效电阻应为(100±0.1) Ω。（　　）

58. 标准化热电偶即是标准热电偶。（　　）

59. 交流强磁场对自动平衡记录仪产生的干扰是横向干扰。（　　）

60. 热力学温标是以热力学第一定律为基础的。（　　）

61. 标准温度灯的主要用途是复现真实温度,以作为检定光学高温计的标准。（　　）

62. 玻璃液体温度计的测量上限受到玻璃的耐热性和测温物质的沸点的限制。（　　）

63. 动圈式温度仪表的测量机构中的温度补偿电阻 R 是随温度升高而降低的。（　　）

64. 玻璃液体温度计的示值是测温物质体膨胀大小的量度。（　　）

65. 玻璃液体温度计的零点位移是由于标尺的移动引起的。（　　）

66. 充气体式压力式温度计的型号(前三位)为 WTQ。（　　）

67. WTZ 型压力式温度计主要的附加误差是由于室温的变化对测量影响。（　　）

68. 对于工业热电阻,用于绕制电阻丝的骨架材料有石英、云母、陶瓷和塑料等,其中石英骨架适于 500 ℃ 以下温度的测量。（　　）

69. 对于工业热电阻,用于绕制电阻丝的骨架材料有石英、云母、陶瓷和塑料等,其中塑料骨架只适于 100 ℃ 以下温度的测量。（　　）

70. 共发射极晶体管放大电路的输入信号电压与输出信号电压相位差等于 90°。（　　）

71. 单类单晶体管功率放大器的特点是静态工作点设置在直流负载线中点。（　　）

72. 测量精密度表示测量结果中随机误差大小的程度。（　　）

73. 测量正确度表示测量结果中系统误差大小的程度。（　　）

74. 随机误差就个体而言是不确定的,但其总体(大量个体的总和)服从一定的统计规律。（　　）

75. 在数字电路中,最基本的逻辑关系有"与"和"或"及"非"。（　　）

76. 在比例、积分、微分调节规律中,能实现超前调节、减少被调理动态偏差的是积分作用。（　　）

77. 分度号为 S 的热电偶热电性能稳定,适应在还原气氛及有腐蚀物质下工作。（　　）

78. 分度号为 S 的热电偶短期使用温度为 1 600 ℃,其长期使用温度为 1 200 ℃。（　　）

79. 对于 XW 系列自动平衡记录仪,其外部连线总电阻不得超过 1 000 Ω,以保证仪表有足够的准确度。（　　）

80. 对于 XW 系列自动平衡记录仪,其外部连线总电阻不得超过 1 000 Ω,以保证仪表有足够的测量精密度。（　　）

81. 目前我国 XW 系列自动平衡记录仪中的测量桥路采用稳压电源供电,稳压电源提供 1 V 的直流电压。（　　）

82. 温度灯的示值通过电压的大小来表示。（　　）

83. WFT-202 型辐射感温器的感温元件是热电堆。（　　）

84. 环境温度升高时,光学高温计的示值也将升高。（　　）

85. 辐射感温器的物镜被沾污,其输出电势值将增大。(　　)

86. 玻璃液体温度计的测温物质与玻璃体积变化之差称为体膨胀。(　　)

87. 对于水银温度计,读数是按凸出弯月面的最高点。(　　)

88. 华氏温标规定,在标准大气压下,水的沸点为 210 ℉。(　　)

89. 热力学温标是用标准铂电阻温度计来实现的。(　　)

90. 工作用玻璃液体温度计检定时,恒温槽温度应控制在偏离检定点 0.2 ℃以内。(　　)

91. 应采用测量接线端子处温度法对具有参考端温度自动补偿的 0.5 级自动平衡记录仪进行检定。(　　)

92. 电流继电器主要反映电流的变化,其工作线圈应并联在被监视的电路中。(　　)

93. 用热电偶测量 0 ℃以上温度时,若与显示仪表相连接的补偿导线极性接反,仪表示值将偏高。(　　)

94. 动圈表的断偶保护电路的功能是当热电偶或其连线断开时,仪表指针移向满刻度。(　　)

95. 为了防止感温物质过热,玻璃液体温度计上都设有中间泡。(　　)

96. 压力式温度计中,用来传递压力变化的部件是毛细管。(　　)

97. 封印标记是指为防止计量器具的某些元件被移动、拆除、更换的标记。(　　)

98. 在规定条件下,为确定计量器具的实际值或其指示装置所表示量值的一组操作叫定度。(　　)

99. 溯源性是指企、事业单位的最高标准被上级计量检定机构检定的特性。(　　)

100. 铜—康铜热电偶,即 T 型热电偶,由于其铜热电极不易氧化,故宜在氧化性气氛中使用,且常使用在 300~600 ℃范围内。(　　)

101. 当实际物体的全辐射与绝对黑体的全辐射出度相等时,黑体的温度即为实际物体的全辐射温度。(　　)

102. 辐射源在单位时间内发射出来的辐射能量叫做全辐射发射率。(　　)

103. K 分度号的热电偶的稳定性不如贵金属热电偶,在还原性硫、硫化物的气氛下,容易受到腐蚀而脆断。(　　)

104. 含有比例、积分、微分控制的仪表,输出在稳态时输入温度值与设定值之差值叫静差。(　　)

105. 对感温液体为酒精等有机液体的玻璃液体温度计检定时,读数应按凸出弯月面的最高点为准。(　　)

106. XWG-101 型自动平衡记录仪的型号中最后两位含义是表内定值电接点。(　　)

107. 标准水槽的使用范围是 0~100 ℃。(　　)

108. 按规程,电接点玻璃水银温度计的连接电阻不应超过 20 Ω。(　　)

109. 半导体点温计的修正值应化整至分度值的五分之一。(　　)

110. 用接触法测量温度的根本条件,是温度计的感温元件与被测物体达到完全的接触。(　　)

111. 动圈式温度仪表的测量机构主要由动圈和指针、支撑系统、磁路系统及串、并联电阻组成。(　　)

112. 在比例、积分、微分调节规律中,三种调节规律各自发挥不同的作用,但起基本调节作用的是比例作用。(　　)

113. 型号 WTZ-288 的压力式温度计的感温物质是气体。(　　)

114. 二等标准水银温度计的分度值是 0.05 ℃。(　　)

115. 对于使用中的动圈式温度仪表,按规程绝缘电阻和绝缘强度两个检定项目可以不检。(　　)

116. 检定光学高温计所用的电压测量设备的准确度不应低于 0.05 级。(　　)

117. 灰体的颜色温度等于其真实温度。(　　)

118. 实际物体的辐射温度总大于其真实温度。(　　)

119. 基尔霍夫定律说明,物体的辐射能力愈大,其吸收能力愈小。(　　)

120. 当实际物体有同一波长下的单色辐射出度同绝对黑体的单色辐射出度相等时,则黑体的温度称为实际物体的亮度温度。(　　)

121. 自动平衡记录仪的温度指针在平衡点附近无规则地摆动的原因是放大器灵敏度过高。(　　)

122. 自动平衡记录仪的温度指针正、反运行缓慢的原因可能是过阻尼。(　　)

123. 自动平衡记录仪的温度指针正、反运行速度不等的原因可能是放大器灵敏度太低。(　　)

124. 自动平衡记录仪的温度指针正、反运行速度不等的原因可能是变流器不对称。(　　)

125. 自动平衡记录仪的温度指针无平衡点,指针倒向刻度某一极限位置的原因可能是阻尼器接反。(　　)

126. 自动平衡记录仪的温度指针无平衡点,指针倒向刻度某一极限位置的原因可能是热电偶、稳压电源、放大器的输入线正、负级性接反。(　　)

127. 动圈式温度仪表的温度指示偏高的原因可能是磁分路片位置变动。(　　)

128. 动圈式温度仪表的温度指针移动缓慢的原因可能是磁分路片位置变动。(　　)

129. XCT-101 型动圈式温度仪表的温度指针移动缓慢的原因可能是张丝虚焊或过松。(　　)

130. 计量仪器的灵敏度是指计量仪器的响应变化除以相应的激励变化。(　　)

131. 为了使计量器具规定的准确度处于给定的极限之内而规定的正常使用条件叫额定条件。(　　)

132. 热电偶的补偿导线有改善热电偶性能的作用。(　　)

133. 漂移是指计量仪器的计量特性随时间的慢变化。(　　)

134. 电子电位差计和电子平衡电桥的主要区别是测量信号不同。(　　)

135. 电子平衡电桥和热电阻的连接最好采用二线制,用以减小导线电阻因环境温度变化而造成的附加误差。(　　)

136. 测量仪器是用来测量并能到被测对象确切量值的一种技术工具或装置。(　　)

137. 灵敏度是指测量仪器响应的变化除以对应的激励变化。(　　)

138. 漂移是测量仪器计量特性的慢变化。(　　)

139. 稳定性是科学合理的确定检定周期的重要依据之一。(　　)

140. 测量准确度是测量结果与被测量真值之间的一致程度。(　　)

141. 以标准偏差表示的测量不确定度称为标准不确定度。（   ）

142. 用对观测列进行统计分析的方法，来评定标准不确定度称为 B 类不确定度评定。（   ）

143. 计量检定的目的是确保检定结果的准确，确保量值的溯源性。（   ）

144. 检定结论是要确定该计量器具是否准确。（   ）

145. 对应两相邻标尺标记的两个值之差称为分度值。（   ）

146. 毫米是米的非十进制分数单位之一。（   ）

147. 量值溯源有时也可将其理解为量值传递的逆过程。（   ）

148. 实行统一立法，集中管理的原则是我国计量法的特点之一。（   ）

149. 实际用以检定计量标准的计量器具是工作基准。（   ）

150. 社会公用计量标准对社会上实施计量监督具有公证作用。（   ）

151. 对计量标准考核的目的是确定其准确度。（   ）

152. 对计量标准考核的目的是确认其是否具有开展量值传递的资格。（   ）

153. 计量标准器具是指准确度低于计量基准的计量器具。（   ）

154. 计量检定人员有伪造检定数据的，给予行政处分；构成犯罪的依法追究刑事责任。（   ）

155. 日、时、分为时间的 SI 制外单位。（   ）

156. 在误差分析中，考虑误差来源要求不遗漏、不重复。（   ）

157. 测量误差除以被测量的真值称为相对误差。（   ）

158. 计量确认的实质是要通过校准，确定测量仪器测量能力。（   ）

159. 热力学温标是最准确的温标。（   ）

160. 冰点的开尔文温度为 273.15 K。（   ）

161. 冰点的开尔文温度为 273.16 K。（   ）

162. 摄氏温度的单位为摄氏度（℃），它的大小等于开尔文。（   ）

163. 热力学温度的单位为开尔文，符号为 K。（   ）

164. 玻璃液体温度计用感温液体主要有水银和有机液体。（   ）

165. 用局浸式温度计测温时，若露液的平均温度与检定时不同，应对示值进行修正。（   ）

166. 恒温槽的工作区域是标准器的感温部分所触及的范围。（   ）

167. 在同一个测量温度下，当玻璃液体温度计的内压相对减小时，会导致它的示值降低。（   ）

168. 双金属温度计的重复性检定在周期检定时同时进行。（   ）

169. 双金属温度计的示值稳定性检查只对出厂产品进行。（   ）

170. 双金属温度计的抗震性能检查只对出厂产品定期抽样进行。（   ）

171. 双金属温度计示值检定方法不同于普通工作用玻璃液体温度计的检定方法。（   ）

172. 压力式温度计的指针应伸入标尺最短分度线的 1/2 ～ 1/3 内。（   ）

173. 压力式温度计的指针与分度表盘平面间的距离应在 1 ～ 3 mm 范围内。（   ）

174. 压力式温度计表盘上应标有国际实用温标摄氏度的符号（℃）。（   ）

175. 压力式温度计表盘上应标有国际实用温标摄氏度的符号"t"。( )

176. 蒸气压力式温度计的准确度等级是指标尺的后 2/3 部分而言,标尺的前 1/3 部分的准确度等级允许降低一个等级。( )

177. 半导体热敏电阻与金属热电阻相比,它的主要优点是电阻温度系数较大,故灵敏度高。( )

178. 检定热电阻时,通过热电阻的电流不应大于 1 mA。( )

179. 铂热电阻的铂丝应力通常会引起 α 值的上升。( )

180. 只有不同的金属导体或合金材料才能构成热电偶,相同材料不能构成热电偶。( )

181. 热电偶回路中的热电势与温度的关系称为热电偶的热电特性。( )

182. E 型、J 型、T 型三种热电偶的负极都是铜镍合金材料,所以在使用中可以互换。( )

183. 热电偶回路中总的热电势的大小不仅与组成热电偶的材料及两端温度有关,而且与热电偶的长度也有关。( )

184. 铂铑$_{30}$—铂铑$_6$ 热电偶参考端在 0～50 ℃范围内可以不用补偿导线。( )

185. 连接导体定律为热电偶在工业测温中,应用补导线提供了理论基础。( )

186. 连接导体定律为使用分度表奠定了理论基础。( )

187. 中间温度定律为使用分度表奠定了理论基础。( )

188. 中间温度定律为热电偶在工业测温中应用补偿导线提供了理论基础。( )

189. 补偿导线的作用只是延长了热电极,它并不能消除参考端温度不为 0 ℃时的影响。( )

190. 各种补偿导线只能与相应型号的热电偶配用,且极性不可接错。( )

五、简 答 题

1. 热电阻主要由哪三部分组成? 热电阻与测量仪表的接线方式有哪三种?

2. 什么是温标?

3. 什么是温度?

4. 什么是热辐射? 热辐射有哪些特点?

5. XWG-101 型自动平衡记录仪主要由哪几部分组成?

6. 铠装热电阻有什么特点?

7. 热电偶产生热电势必须具备哪两个条件?

8. 在结构上,玻璃液体温度计由哪几部分组成?

9. 温度的定义是什么? 热传递的方式有哪几种?

10. 测量误差的来源可从哪几个方面考虑?

11. 简述热电偶考端温度修正的意义。

12. 热电偶为什么要进行周期检定?

13. 利用热电偶测温时,补偿导线有什么作用?

14. 在使用补偿导线时应注意些什么?

15. 压力式温度计主要由哪三部分组成?

16. 普通热电偶由哪三部分组成？

17. 什么是量程？

18. 什么是强制检定？

19. 简述动圈式温度仪表在安装时应注意哪几方面问题？

20. 为了保证热电偶的正常工作，对热电偶的结构有什么要求？

21. 什么是横向干扰？什么是纵向干扰？

22. 测温仪表所受的纵向干扰的常见产生原因及消除方法有哪些？

23. XW 系列自动平衡记录仪中测量桥路的技术特点有哪些？

24. 自动平衡记录仪中灵敏度调节电位器和阻尼调节电位器的作用是什么？

25. 如何区别自动平衡记录仪的故障是在可逆电机还是在放大器？

26. 为什么要定期清洗自动平衡记录仪中的滑线电阻？如何清洗？

27. 配偶动圈式温度仪表的外线路电阻包括哪几部分？如果外线路电阻不符合要求，对测量结果有何影响？

28. 什么是热平衡？

29. 动圈仪表中磁路系统中的磁分路片的作用原理是什么？

30. DDZ-Ⅲ型电动单元组合仪表的技术特点有哪些？

31. 热电偶测量端焊接方法有哪几种？对焊点有什么技术要求？

32. 为什么说热力学温标是世界上最科学、最理想的基本温标？

33. 玻璃水银温度计为什么会断柱？修复方法有哪几种？

34. XW 系列自动平衡记录仪指示误差过大常见有哪几方面原因？如何排除？

35. 计量标准和量值传递这两个概念是如何定义的？

36. 接触法测量温度应注意哪些事项？

37. 华氏温标是如何定义的？热力学温标的绝对零度是如何确定的？

38. XW 系列自动平衡记录仪中滑线电阻有什么作用？

39. 有机液体玻璃温度计有什么技术特点？用途如何？

40. 使用标准油槽时应注意哪些事项？

41. 如果确定自动平衡记录仪有故障，如何确定故障在放大器前还是放大器后？

42. 直流电位差计在使用时的注意事项有哪些？

43. 什么叫测量准确度？什么叫测量不确定度？

44. 什么叫测量误差？什么叫修正值？

45. 电阻箱在存放和使用中应注意些什么？

46. 热电阻在测温中有什么技术特点？

47. 热电偶测温的误差来源主要有哪几方面？

48. 热电阻温度传感器产生误差的原因有哪几方面？

49. 什么是玻璃液体温度计的安全泡？它的主要作用是什么？

50. 强制检定的计量器具包括哪些方面？

51. 简述关于热电偶测温的中间温度定律？

52. 简述电阻加热炉温度 PID 自动调节系统的调节过程？

53. 安装工业热电阻时应注意哪些主要问题？

54. 铠装热电偶有哪些主要优点?

55. 半导体热敏电阻有哪些技术特点?

56. 1990 年国际温标规定何种温度计作为 0～961.78 ℃温区的标准仪器? 在我国它有哪几个等级?

57. DDZ-Ⅱ型单元组合仪表有哪些特点?

58. 现场维修仪表时,未动手修理前应做些什么? 考虑些什么?

59. 对热电阻的电阻丝有什么技术要求?

60. 玻璃液体温度计测量温度所产生的误差的主要来源有哪几项?

61. 写出下列五个量的国际计量单位的名称及符号:长度、质量、时间、电流、热力学温度。

62. 请说明校准和检定的主要区别?

63. 我国计量立法的宗旨是什么?

64. 我国计量工作的基本方针是什么?

65. 计量检定人员的职责是什么?

66. 试述数据修约规则的内容?

67. 按数据修约规则,将下列数据修约 为小数点后 2 位。

(1)3.141 59　　修约为 _____

(2)2.715　　　修约为 _____

(3)4.155　　　修约为 _____

(4)1.285　　　修约为 _____

68. 将下列数据化为 4 位有效数字:3.141 59;14.005;0.023 151;1 000 501。

69. 双金属温度计的测温原理及特点是什么?

70. 简述压力式温度计的测温原理是什么?

六、综 合 题

1. 试述热电阻的测温原理。

2. 试述动圈式温度仪表的测温原理。

3. 试述 XW 系列自动平衡记录仪的测温原理。

4. 试述玻璃液体温度计的测温原理。

5. 某 0.50 级自动平衡记录仪,分度号 K,测量范围 0～800 ℃,对其进行 400 ℃设定点误差检定时,上、下切换值分别为 16.357 mV、16.377 mV,被检设定点名义值为 16.397 mV。此仪表 400 ℃的设定点误差是多少?

6. 什么是热电偶? 试述热电偶的测温原理。

7. 试述利用热电偶测温有哪些优点。

8. 试述热电偶参考端温度修正的方法。

9. 某一分度值为 10 ℃的玻璃液体温度计,测量范围 0～100 ℃,对其 50 ℃点检定时,标准温度计示值 50.1 ℃被检温度计示值 50.6 ℃,标准温度计修正值为－0.1 ℃(50 ℃点),被检温度计 50 ℃点的修正值是多少?

10. 某一分度值为 1.0 ℃的电接点玻璃水银温度计,测量范围 0～200 ℃,对其 100 ℃点检定时,标准温度计示值 100.2 ℃,被检温度计示值 100.8 ℃,标准温度计修正值 0.2 ℃

(100 ℃)被检温度计 100 ℃点的修正值是多少?

11. 某一分度值为 1.0 ℃的电接点玻璃水银温度计,对其 100 ℃点做动作误差检定时,接通知和断开的动作温度分别是 100.4 ℃和 100.8 ℃,那么,100 ℃点的动作误差是多少?

12. 安装使用热电偶应注意哪些事项?

13. 我国生产的 DDZ-Ⅱ型仪表共划分为哪几个单元?

14. 在现场如何检查自动平衡记录仪的故障?

15. 试述影响现场炉温测量准确度的因素有哪些?

16. 计量标准的使用必须具备哪些条件?

17. 计量检定人员的职责是什么?

18. 铠装热电偶与普通热电偶比较有哪些特点?

19. 目前热处理行业中采用的控温方式有哪几种? 有什么特点?

20. 自动平衡记录仪的测量桥路与电子平衡电桥的测量桥路有什么区别?

21. 试述 XW 系列自动平衡记录仪在安装使用时应注意哪些事项?

22. 什么是可控硅? 它在炉温控制中起什么作用?

23. 什么是压力式温度计? 它主要由哪几部分组成? 其工作原理是什么?

24. 试述关于热电偶测温的三个基本定律?

25. 利用自动平衡记录仪测量温度时,仪表受到横向干扰和纵向干扰的主要原因和排除措施有哪些?

26. 在 1 000 ℃附近测得标准 S 型热电偶的热电势平均值 $\bar{e}$ 标为 9.558 mV,被检定的 N 型热是偶的热电热平衡值 $\bar{e}$ 被为 36.274 mV,从检定证书中查得标准 S 型热是偶 1 000 ℃时的热电势 e 标为 9.581 mV。求被检 N 型热电偶 1 000 ℃时的误差(mV)、1 000 ℃时的示值误差(℃)和修正值。(1 000 ℃时查表得标准与被测热电偶每度分别相当于 0.012 mV;0.039 mV,从 N 型热电偶分度表中查得 1 000 ℃时热电势为 36.256 mV)。

27. 某 1.0 级动圈式温度表,分度读取标准器示值为 16.261 mV;16.221 mV(上、下行程)。400 ℃点测得的上、下切换值分别为 16.273 mV;16.243 mV。(查表得 400 ℃刻度线标称电量值 16.395 mV)试求此仪表 400 ℃时上行程的指示基本误差,400 ℃时的回程误差及设定点偏差?

28. 某 0.5 级自动平衡记录仪,分度号为 K,对 400 ℃点检定时,上行程标准器示值为 16.447 mV、16.437 mV、16.459 mV;下行程标准器为 16.367 mV、16.361 mV、16.371 mV。在 400 ℃点测得上、下切换值分别为 16.367 mV、16.397 mv。(仪表 400 ℃点刻度线的标称电量值为 16.397 mV)求此仪表 400 ℃点的指示基本误差是多少? 回程误差是多少? 设定点误差是多少?

29. 某 0.5 级数字温度指示调节仪,分度号 Pt100,对 150 ℃点进行检定时(输入基准法),测得上持程仪表值分别为 149.5 ℃、149.7 ℃,下行程仪表示值分别为 149.3 ℃、149.5 ℃。仪表 150 ℃点上、下切换值分别为 149.6 ℃、149.8 ℃。试求此表 150 ℃点的基本误差是多少? 设定点偏差是多少? 切换差是多少?(补偿导线修正值可忽略,仪表分辨力 0.1 ℃)。

30. 某 1.5 级压力式温度计,对其 60 ℃点检定时,标准温度计示值 59.8 ℃,被检温度计正、反行程示值为 60.3 ℃和 60.6 ℃,接点断开、闭合动作温度分别是 59.6 ℃、60.2 ℃,求被检温度计 60 ℃点基本误差最大值是多少? 回程误差是多少? 接点动作误差是多少?(标准温度计修正值为 0.1 ℃)。

31. 我国 0～961.78 ℃范围温标是如何向下传递的?
32. 使用玻璃液体温度计时应注意些什么?
33. 试述数字式温度指示调节仪有哪些特点?
34. 用热电偶进行温度测量时,为什么要使用补偿导线?
35. 使用补偿导线时应注意些什么?

热工计量工(高级工)答案

一、填 空 题

1.辐射	2.大	3.1	4.亮温法
5. 273.16	6. $T-273.15$	7.测量	8.电磁波
9.热辐射	10.冷热	11.90	12.温度
13.磁路系统	14.测温物质	15.273.16	16. 补偿
17.接触	18.温差电势	19.接触电势	20.分度表
21.减小	22.露头型	23.变压器耦合	24.绝对误差
25.短路	26.输出电阻小	27.单位时间	28.分配
29. 90°	30.内插仪器	31.指示记录机构	32.测量信号
33.支承系统	34.增加	35.被测对象	36.交流信号
37.热胀冷缩	38.20	39.温度	40.满度
41.延长	42.90	43.补偿导线	44.充蒸发液体式
45. 4～20 mA	46.盘簧管	47.数值	48.十分之一
49. 0.2	50. 150	51. 0.003 851	52.铂电阻
53. −50	54. 961.78 ℃	55. CU100	56.玻璃
57.棒式	58.最高	59.长度	60.热电极丝
61.反作用力矩	62. 273.16	63.开尔文	64.绝对零度
65. 4～20 mA	66. 灵敏度	67. 1 000	68.阻尼
69. 1 V	70. (20±5) ℃	71.减小	72.热电堆
73.亮度	74.电流	75.升高	76. 0.05
77. 0.01	78.理想气体	79. 212	80.测温物质
81.动圈和指针	82.磁路系统	83.减小	84.阻尼时间
85.全浸	86.中间温度	87.测量结果	88.准确度
89.计量标准	90.主管	91.与、或、非	92.微分
93.比例	94. 1～5 V	95.感温包	96.蒸发液体
97. 0.1	98.十	99.五	100.计量特性
101.安全防护	102. 0.2	103. 5	104. 0.5
105. 180°	106.交流负载线	107.系统	108.标准偏差
109.法定技术	110.随机误差	111.塑料	112.云母
113. WTQ	114.大气压	115.毛细管	116.热后效
117.安全泡	118.视膨胀	119.耐热性	120.挂柱
121.时间常数	122.沸点	123.灯泡	124.亮度温度

125.表面	126.辅助装置	127.降低	128.满刻度
129.气泡	130. 75	131. 178	132. 333. 15
133.测量	134.溯源性	135.一组操作	136.特定测量
137.最大区间	138.一致性	139.协方差	140.评定方法
141.辅助设备	142.测量单位	143.示值误差	144.计量标准
145.国家法定计量	146.与其主管部门同级	147.法律效力	148.注销
149. SI	150.摩尔	151. K	152.弧度
153. dB	154.不遗漏	155.一组操作	156. 中间导体
157. 1 300	158. 中性介质	159. 1 600	160. 更为稳定
161. 理论基础	162. 理论基础	163. 2	164. 表面热电偶
165. 表面	166. 桥路补偿	167. 气象	168. 1/2
169. 任意两点	170. 水平面	171. 稳定性	172. 100 MΩ·m
173. 1 μV	174. 比较法	175. 微差	176. 同名极法
177. 稳定性	178. 通电退火	179. 退火质量	180. 热辐射
181. 颜色	182. 辐射	183. 亮度	184. 修正
185. 普朗克	186. 查表	187. 函数	188. 辐射
189. 理论基础			

二、单项选择题

1.B	2.B	3.A	4.B	5.D	6.C	7.C	8.C	9.A
10.D	11.B	12.A	13.C	14.B	15.B	16.B	17.A	18.A
19.B	20.B	21.D	22.C	23.B	24.A	25.C	26.A	27.B
28、B	29.B	30.B	31.A	32.C	33.D	34.A	35.B	36.B
37.C	38.C	39.B	40.A	41.C	42.A	43.D	44.B	45.D
46.A	47.C	48.B	49.C	50.B	51.D	52.A	53.D	54.C
55.D	56.D	57.A	58.B	59.C	60.A	61.C	62.B	63.A
64.D	65.C	66.B	67.B、	68.C	69.D	70.C	71.D	72.B
73.A	74.D	75.A	76.B	77.C	78.B	79.D	80、C	81.A
82.C	83.B	84.D	85.B	86.C	87.C	88.A	89.B	90.D
91.D	92.B	93.D	94.C	95.C	96.B	97.B	98.C	99.D
100.B	101.C	102.D	103.D	104.C	105.D	106.A	107.B	108.C
109.A	110.C	111.B	112.C	113.D	114.C	115.B	116.D	117.A
118.B	119.B	120.C	121.D	122.C	123.A	124.A	125.B	126.C
127.A	128.C	129.A	130.B	131.A	132.C	133.D	134.A	135.B
136.C	137.D	138.D	139.B	140.A	141.C	142.C	143.A	144.D
145.B	146.C	147.D	148.C	149.C	150.A	151.C	152.D	153.B
154.A	155.C	156.C	157.D	158.C	159. B	160.B	161.C	162.D
163.D	164.B	165.C	166.A	167.C	168.D	169.D	170.B	171.D
172.C	173.B	174.C	175.C	176.B	177.A	178.C	179.B	180.B

181. C   182. B   183. C   184. B   185. A

三、多项选择题

1. ABC	2. BCD	3. ABCD	4. CD	5. AC	6. AC	7. ABC
8. BC	9. ABC	10. ABCD	11. ABCD	12. ABC	13. CD	14. ABD
15. CD	16. ABC	17. AB	18. ABC	19. BCD	20. ABC	21. BCD
22. ABC	23. BCD	24. ABCD	25. AB	26. ABC	27. AC	28. ABC
29. ABC	30. ABD	31. ABD	32. ABCD	33. ABCD	34. ABCD	35. ACD
36. ABC	37. ABD	38. CD	39. ABC	40. BCD	41. BCD	42. CD
43. ABCD	44. ABC	45. BCD	46. ABC	47. ABCD	48. CD	49. CD
50. BCD	51. ABCD	52. ABC	53. ABD	54. BC	55. ABC	56. CD
57. ABCD	58. AB	59. CD	60. ABC	61. AB	62. AC	63. BCD
64. ACD	65. ABC	66. AB	67. ACD	68. BCD	69. ABCD	70. BCD
71. ABCD	72. ABCD	73. ABCD	74. ABC	75. ABCD	76. ABCD	77. BCD
78. ABC	79. ABCD	80. AB	81. ABC	82. AC	83. ABC	84. BC
85. AD	86. AD	87. ABD	88. ABCD	89. ABC	90. ACD	91. BCD
92. AB	93. BCD	94. BC	95. ABC	96. ABCD	97. BC	98. BC
99. AB	100. ABCD	101. ABCD	102. ABC	103. ABCD	104. ABCD	105. ABC
106. BCD	107. ABCD	108. ABCD	109. ABCD	110. AB	111. CD	112. ABD
113. ABCD	114. BC	115. AB	116. BC	117. BCD	118. BCD	119. ABCD
120. BCD	121. ABCD	122. AB	123. ABC	124. BC	125. ABD	126. ABC
127. ABD	128. ABCD	129. ABCD	130. ABCD	131. ABCD	132. ABCD	133. ABC
134. AB	135. AC	136. AC	137. BCD	138. ABCD	139. ABC	140. ABCD
141. BCD	142. ABC	143. BCD	144. ABCD	145. ABCD	146. AB	147. AB
148. ABD	149. AD	150. AD	151. ABCD	152. BCD	153. AB	154. ABC
155. AB	156. ABC	157. ABCD	158. ABC	159. BCD	160. ABC	161. ABCD
162. AB	163. CD	164. ABCD	165. AB	166. ABCD	167. BCD	168. CD
169. ABCD	170. ABC	171. ABCD	172. ABC	173. ABC	174. BCD	175. ABCD
176. ABC	177. BCD	178. BCD	179. ADCD	180. ADCD	181. ABCD	182. ABC
183. ABCD						

四、判 断 题

1. √	2. √	3. ×	4. √	5. ×	6. √	7. √	8. √	9. √
10. ×	11. ×	12. ×	13. √	14. √	15. √	16. ×	17. √	18. √
19. ×	20. ×	21. ×	22. √	23. ×	24. √	25. ×	26. √	27. ×
28. √	29. ×	30. ×	31. √	32. ×	33. ×	34. √	35. √	36. ×
37. ×	38. ×	39. ×	40. √	41. √	42. ×	43. ×	44. ×	45. √
46. √	47. √	48. ×	49. √	50. ×	51. ×	52. √	53. ×	54. √
55. ×	56. √	57. ×	58. ×	59. √	60. ×	61. ×	62. √	63. √

64.×	65.×	66.√	67.×	68.×	69.√	70.×	71.×	72.√
73.√	74.√	75.×	76.×	77.×	78.×	79.×	80.×	81.√
82.×	83.√	84.√	85.×	86.×	87.√	88.×	89.√	90.√
91.×	92.×	93.×	94.√	95.×	96.√	97.√	98.√	99.×
100.×	101.√	102.×	103.√	104.√	105.×	106.×	107.×	108.√
109.×	110.×	111.√	112.√	113.×	114.×	115.×	116.√	117.×
118.×	119.×	120.√	121.√	122.√	123.×	124.×	125.×	126.×
127.√	128.×	129.×	130.√	131.×	132.×	133.√	134.√	135.×
136.√	137.√	138.√	139.×	140.×	141.√	142.×	143.√	144.×
145.√	146.√	147.√	148.×	149.√	150.√	151.×	152.√	153.×
154.√	155.√	156.√	157.√	158.×	159.√	160.√	161.×	162.√
163.√	164.√	165.×	166.×	167.√	168.√	169.√	170.√	171.×
172.×	173.√	174.√	175.×	176.√	177.√	178.×	179.×	180.√
181.√	182.×	183.×	184.√	185.×	186.×	187.√	188.×	189.√
190.√								

五、简答题

1.答:热电阻由电阻体,引出线、保护管组成(2分)。接线方式有二线制、三线制和四线制三种(3分)。

2.答:用数值表示温度的方法称为温度标尺,简称温标(5分)。

3.答:温度是表征物体冷热程度的物理量(3分),微观含义是物体内分子热运动程度的反应(2分)。

4.答:热辐射是指能量从受热物体表面连续发射,并以电磁波的形式表示出来(1分)。特点:(1)热辐射可以在真空中进行(2分)。

(2)热辐射不仅产生能量转移,还伴随能量形式的转换(2分)。

5.答:XWG-101型自动平衡记录仪主要由五大部分组成:

(1)测量桥路(1分)。

(2)放大器(1分)。

(3)可逆电机(1分)。

(4)指示记录机构(1分)。

(5)调节机构(1分)。

6.答:铠装热电阻有如下特点:

(1)热情性小,反应迅速(1分)。

(2)有良好的机械性能,耐强烈振动和冲击(1分)。

(3)热电阻的引线部分,有一定可挠性,适宜复杂设备上的测温(1分)。

(4)有良好的气密性,寿命长(2分)。

7.答:必须具备如下两个条件:

(1)热电偶必须有两种不同材料的热电极组成(2分)。

(2)热电偶测量端和参考端必须具不同的温度(3分)。

8.答:玻璃液体温度计由感温泡(1分)、感温液体(1分)、主刻度(1分)、毛细管(1分)、安全泡(1分)等部分组成。

9.答:温度是表征物体冷热程度的物理量。它的微观含义是指物体内分子的运动程度(3分)。热传递的方式有传导,对流和辐射三种(2分)。

10.答:从设备(1分)、环境(1分)、方法(1分)、人员(1分)和测量对象(1分)几个方面考虑。

11.答:热电偶热电势的大小与热电极及两接点的温度有关(1分)。热电偶的分度表和二次仪表都是以热电偶参考端温度为0℃的条件下制作的(1分),所以,在使用时必须满足这条件,否则,测出的温度就不准确(1分)。在实际测温过程中,参考端温度常常在0℃,所以必须修正(2分)。

12.答:使用中的热电偶,因测量端可能被氧化、腐蚀、污染(1分),加之高温条下热电极材料的再结晶(1分),使其热电特性发生变化而造成测量误差(1分),为了保证测温的准确度,所以应按检定规程进行周期检定(2分)。

13.答:利用电偶测温时,补偿导线有以下作用:

(1)将热电偶参考端移至温度恒定的地方,起到延长热电偶的作用(2分)。

(2)用贵金属热电偶测温时,可选择廉金属材料的补偿导线,节约大量贵金属(2分)。

(3)利用补偿导线可进行远距离安装仪表(1分)。

14.答:应注意以下几点:

(1)各种补偿导线只能与相应型号的热电偶配用(2分)。

(2)补偿导线的正负极不能接错(2分)。

(3)两对连接点所处的温度,不能超过规定的温度范围(2分)。

15.答:压力式温度计主要由感温包(1分),毛细管(2分),盘簧管组成(2分)。

16.答:普通热电偶由热电极丝(1分),绝缘管(2分),保护管组成。(2分)

17.答:测量范围的上、下限之差的模称为量程(5分)。

18.答:由政府计量会政主管部门所属的法定计量检定机构或授权的计量检定机构,对社会公用计量标准(1分),部门或企、事业单位使用的最高计量标准(2分),用于贸易结算、安全防护、医疗卫生、环境监测四个方面列入国家强检目录的工作计量器具(2分)实行定点定期的一种检定叫强制检定。

19.答:应注意以下5个方面:

(1)安装地点应干燥,无强电磁场(1分)。

(2)环境温度不宜过高,满足使用说明书要求(1分)。

(3)仪表应水平安装(1分)。

(4)热电偶(或热电阻)、补偿导线、仪表分度号应匹配(1分)。

(5)外线路电阻应符合规定数值(1分)。

20.答:热电偶的结构应满足以下几点:

(1)热电偶测量端焊接要牢固(1分)。

(2)热电极间必须有良好的绝缘(1分)。

(3)参考端与导线的连接要方便、可靠(1分)。

(4)用于有害介质测量时,要用保护管将有害介质隔离(2分)。

21.答:(1)在仪表两输入端之间出现的交流信号干扰称为横向干扰(1分)。

(2)在仪表的任一输入端与地之间产生的交流干扰信号称为纵向干扰(3分)。

22.答:产生原因常见有以下几种:

(1)高温下电阻炉耐火砖,热电偶绝缘管的绝缘性能下降,产生漏电干扰(1分)。

(2)不同地电位引入的干扰(2分)。

(3)高压电场引入的干扰(2分)。

23.答:技术特点有以下几方面:

(1)采用了稳压型测量桥路,使得测量精度得到提高,而且便于维护,便于更换(2分)。

(2)测量桥路电压灵敏度高(2分)。

(3)测量桥路具有参考端温度自动补偿的作用(1分)。

24.答:(1)灵敏度调节电位器的作用是调节放大器的放大倍数(2分)。

(2)阻尼调节电位器的作用是调节仪表的动态特性,当仪表运行到平衡点时,由于惯性的作用,指针会前冲,阻尼可以使仪表很快地稳定下来(3分)。

25.答:(1)可对可逆电机进行检查,在其控制绕组加 6.3 V 交流电压,可逆电机正常时能转动,当把两根导线对调,则可逆电机向相反方向转动,这说明可逆电机正常,故障在放大器(2分)。

(2)在现场,也可以换上好用的放大器,如果仪表正常了,说明故障在放大器;否则,说明故障在于可逆电机(3分)。

26.答:(1)仪表经长时间工作,其滑线电阻丝表面会积有污垢,或形成氧化物,这们会影响仪表的精度和正常工作,因此,要定期加以清洗(3分)。

(2)清洗时,可用纱布蘸适量蒸发液体(如酒精、汽油)沿滑线电阻反复清洗(2分)。

27.答:(1)外线路电阻包括:热电偶的电阻,补偿导线的电阻,铜导线的电阻,补偿电桥电阻和线路调整电阻(2分)。

(2)当外线路电阻大于规定值时,仪表示值偏低。当外线路电阻小于规定值时,仪表示值偏高(3分)。

28.答:当物体吸收的热量等于放出的热量,物体各部分都具有相同的温度,物体呈热平衡(2分);多个物体通过相互热量交换,彼此都具有相同的温度,物体呈热平衡(3分)。

29.答:(1)磁分路片用来调节两块磁铁中间空气隙中的磁感应强度值(2分)。

(2)当磁分路片顺时针移动时,经过磁分路片的磁通量增加,而空气隙中的磁感应值降低,动圈受旋转力矩减少,示值随之减小(3分)。

30.答:技术特点有如下几方面:

(1)仪表的稳定性、可靠性提高(1分)。

(2)可组成安全火花型防爆系统(1分)。

(3)采用了国际标准信号制。即传输信号为 4~20 mA(1分)。

(4)集中供电。使各单元省掉了电源变压器和整流滤波装置(2分)。

31.答:(1)焊接方法有很多种,它们是气焊、电弧焊、盐水焊等(2分)。

(2)测量端焊点应牢固、表面光滑、无沾污、无裂纹、无气孔(3分)。

32.答:(1)它是建立在热力学第二定律基础上的,因而具有科学性(1分)。

（2）它与测温物质的特性无关，不具有随意性，因而是理想的（2分）。

（3）历史上出现的各种温标在以上两方面都不如热力学温标，因此，它是世界上最科学、最理想的温标（2分）。

33. 答：（1）水银温度计断柱主要因为水银中含有气泡或在运输、存放时震动引起的（2分）。

（2）水银温度计断柱的修复方法有加热法、冷却法、重力法、离心法四种（3分）。

34. 答：大体有以下几方面原因：

（1）滑线电阻磨损。应更换（1分）。

（2）补偿导线接反。应正确连接（1分）。

（3）指针座松动。将指针座坚固（1分）。

（4）放大器灵敏度低。应调整放大器灵敏度（1分）。

（5）测量桥路电阻阻值不对。应更换（1分）。

35. 答：（1）计量标准是指按国家计量检定系统表规定的准确度等级，用于检定较低等级计量标准或计量器具的计量器具（2分）。

（2）量值传递是指通过对计量器具的检定和校准，将国家基准所复现的计量单位量值通过各级计量标准传递到工作计量器具，以保证被测对象量值的准确和一致（3分）。

36. 答：（1）感温元件应和被测物应有良好的热接触（1分）。

（2）感温元件热容量应尽量（1分）。

（3）感温元件在被测物中应有一定的插入深度（1分）。

（4）感温元件不能被介质腐蚀（1分）。

（5）测量变化温度时，应采用滞后时间小的感温元件（1分）。

37. 答：（1）在标准大气压下，规定冰的融点为 $32°F$，水的沸点为 $212°F$，中间等分 180 等分，每一等分为一华氏度，这种温标叫华氏温度（1分）。

（2）热力学温标规定物质的分子运动停止时的温度为绝对零度（2分）。

（3）热力学温标规定水的三相点温度为 273.16 K（2分）。

38. 答：（1）滑线电阻触点位置直接影响测量桥路的输出（1分）。

（2）滑线电阻触点位置直接反映了仪表示值（2分）。

（3）仪表的许多指标（如示值误差、记录误差等）在很大程度上取决于滑线电阻的优劣（2分）。

39. 答：技术特点有如下几点：

（1）有机液体膨胀系数较大，凝固点低（1分）。

（2）有机液体容易粘附玻璃（1分）。

（3）灵敏度不高，测量精度低（1分）。

（4）有机液体比热大，传热慢（1分）。

（5）有机液体玻璃温度计主要用来测量低温（1分）。

40. 答：注意事项有如下几点：

（1）油槽的工作温度必须比闪点低 10 ℃或更低一些（1分）。

（2）升温过程中，如果有泡沫产生，应断开电源，等待泡沫消失（1分）。

（3）在安放油槽的地方，应有灭火器，油温接近闪点时，加热应缓慢（1分）。

(4)禁止在油槽附近吸烟(1分)。

(5)如果油槽起火,禁止用水灭火(1分)。

41. 答:如果确定仪表内部有故障,可以用在放大器输入端加入电压信号的方法,确定故障在放大器前还是放大器后(2分)。为此,把万用表旋在测电阻的"X10"或"X100"档,两表笔接触单元板的 A_1 和 B_1(相当于加直流电压),如果仪表指针迅速移动,对调一下表笔,仪表指针反向移动,说明放大器之后部分正常,故障在放大器前。否则说明故障在放大器之后(3分)。

42. 答:注意事项有如下几点:

(1)如果被测量是内阻比较低的电势,宜选用低阻电位差计(1分)。

(2)选用的配套仪器检流计的技术指标应符合微小误差准则(1分)。

(3)所配用的标准电池准确度不应低于电位差计(1分)。

(4)辅助电源容量不能太小,应为电位差计工作电流的1 000倍以上(2分)。

43. 答:(1)测量准确度表示测量结果与被测量的(约定)真值之间的一致程度(2分)(2)测量不确定度表征合理地赋予被测量之值的分散性与测量结果相联系的参数(3分)。

44. 答:(1)测量结果与被测量真值之差叫测量误差(2分)。(2)为了消除或减少系统误差,用代数法加到未修正测量结果上的值叫修正值(3分)。

45. 答:应注意以下几点:

(1)在作用前应旋转一下各组旋转,确认其稳定可靠(1分)。

(2)电阻箱的工作电流不能超过规定值(1分)。

(3)电阻箱在使用中应定期清洗(1分)。

(4)使用、存放电阻箱的环境温度、湿度应符合其技术说明书的要求(2分)。

46. 答:热电阻测温有以下技术特点:

(1)具有较高的准确度(1分)。

(2)具有较高的灵敏度(2分)。

(3)金属热电阻的电阻—温度关系具有较好的线性度、较好的复现性和稳定性(2分)。

47. 答:误差来源主要有以下几方面:

(1)热电偶的材料成分和均匀性不符合要求(1分)。

(2)补偿导线不符合要求(1分)。

(3)热电偶参考端非0 ℃(1分)。

(4)由于热电偶变质,其热电特性发生变化(2分)。

48. 答:原因在以下几方面:

(1)由于热电阻材料的纯度不符合要求产生分度误差(1分)。

(2)测量线路导线电阻的大小将影响测量结果,产生误差(2分)。

(3)由于有电流通过热电阻,因此,热电阻将升温而引起误差(2分)。

49. 答:温度玻璃毛细管顶部的内径扩大部位即是安全泡(2分)。

安全泡的主要作用:

(1)容纳温度计偶然过热后液体膨胀体积(1分)。

(2)便于接通中断的液柱(1分)。

(3)控制其内压以达到预定数值(1分)。

50. 答：包括三个方面：

(1)社会公用计量标准。

(2)部门企事业单位的最高计量标准。

(3)用于贸易结算、安全防护、医疗卫生、环境监测并列入国家强检目录的。

51. 答：在热电偶回路中，接点温度为 t_1 和 t_3 的热电偶，它的热电势等于接点温度分别是 t_1、t_2 和 t_2、t_3 的两支同性质热电偶的热电势的代数和（5分）。

52. 答：调节过程如下：

(1)当炉温变化、偏离设定值时，在调节器输入端产生偏差信号（1分）。

(2)PID调节器根据这个信号的大小和方向，以比例、积分、微分的调节规律，输出0～10 mA 电流（2分）。

(3)这个电流通过触发器改变可控硅的导通角。调节电炉加热电压，使炉温向减小偏差的方向变化，直到设定值为止（2分）。

53. 答：应注意以下几个主要问题：

(1)在管道内流体介质中，热电阻应与介质形成逆流（1分）。

(2)热电阻的感温部分，应处于能代表被测物体温度的地方（1分）。

(3)要有足够的插入深度（1分）。

(4)热电阻和设备间的缝隙应堵塞（1分）。

(5)热电阻引线与连接导线应接触可靠（1分）。

54. 答：主要有以下几个优点：

(1)动态响应快，可以快速反映出物体（1分）。

(2)测量端热容量小，适宜测量热容量小的物体温度（1分）。

(3)挠性好（1分）。

(4)强度高、耐冲击（1分）。

(5)品种多（1分）。

55. 答：技术特点有以下几个方面：

(1)具有负温度系数。温度升高，电阻下降（1分）。

(2)电阻温度系数较金属热电阻大（1分）。

(3)结构简单，体积小，热惯性小，适宜快速测温（1分）。

(4)机械性能好，寿命长（1分）。

(5)主要缺点是复现性和互换性差（1分）。

56. 答：(1)1990年国际温标规定标准铂电阻温度计作为 $0\sim961.78$ ℃温区的标准仪器（2分）。

(2)在我国，标准铂电阻温度计按等级可分为国家基准、副基准、工作基准、一等标准、二等标准（3分）。

57. 答：DDZ-Ⅱ型仪表有如下特点：

(1)DDZ-Ⅱ型仪表采用0～10 mA标准信号（1分）。

(2)DDZ-Ⅱ型仪表由几个单元组成，具有通用性，灵活性（1分）。

(3)较高仪表精度、灵敏度和测量范围（1分）。

(4)反应迅速，适合于远距传送和集中控制（1分）。

(5)贯彻了标准化、通用化的原则,互换性好、便于维护(1分)。

58. 答:(1)到现场后,先调查研究,了解仪表工作情况,观察故障现象,做到心中有数(1分)。

(2)在拆卸前,要熟悉内各部件的安装位置,各接线的标志,实物与图纸的关系等(2分)。

(3)根据经验,发生故障一般以一次仪表的可能性较大,最好应先检查一次仪表(2分)。

59. 答:对电阻丝有如下要求:

(1)大的电阻温度系数(1分)。

(2)大的电阻率(1分)。

(3)小的热容量(1分)。

(4)稳定的物理、化学性质(1分)。

(5)良好的复现性(1分)。

60. 答:误差来源有以下几项:

(1)零点位移(1分)。

(2)标尺位移(1分)。

(3)读数误差(1分)。

(4)分度误差(1分)。

(5)浸入深度变化(1分)。

61. 答:长度——米,m(1分)。

　　　　质量——千克,kg(1分)。

　　　　时间——秒,s(1分)。

　　　　电流——安(培),A(1分)。

　热力学温度——开(尔文),K(1分)。

62. 答:(1)校准不具法制性,是企业自愿溯源的行为。检定具有法制性(1分)。

(2)校准主要用以确定测量器具的示值误差。检定是对测量器具的计量特性及技术要求的全面评定(1分)。

(3)校准的依据是校准规范、校准方法,可作统一规定也可自行制定。检定的依据则是检定规程(1分)。

(4)校准不判断测量器具的合格与否。检定则要对所检的测量器具做出合格与否的结论(1分)。

(5)校准结果通常是发校准证书。检定结果合格的发检定证书,不合格的发不合格通知书(1分)。

63. 答:我国计量立法的宗旨是为了加强计量监督管理,保障国家计量单位制的统一和量值的准确可靠(1分),有利于生产、贸易和科学技术的发展,适应社会主义现代化建设的需要(2分),维护国家、人民的利益(2分)。

64. 答:国家有计划地发展计量事业,用现代计量技术、装备各级计量检定机构,为社会主义现代化建设服务,为工农业生产、国防建设、科学实验、国内外贸易以及人民健康、安全提供计量保证(5分)。

65. 答:(1)正确使用计量基准或计量标准并负责维护、保养,使其保持良好的技术状况(2分)。

(2)执行计量技术法规,进行计量检定工作(1分)。

(3)保证计量检定的原始数据和有关技术资料的完整(1分)。

(4)承办政府计量部门委托的有关任务(1分)。

66. 答:(1),若舍去部分的数值大于0.5,则末位加1(1分)。

(2)若舍去部分的数值小于0.5,则末位不变(1分)。

(3)若舍去部分的数值等于0.5,则末位应凑成偶数,即当末位为偶数时则末位不变,当末位为奇数时则加1(3分)。

67. 答:(1)3.14(1分);(2)2.72(1分);(3)4.16(1分);(4)1.28(2分)。

68. 答:3.142(1分);14.00(1分);2.315×10^{-2}(1分);1.001×10^3(2分)。

69. 答:双金属温度计是利用金属长度随温度而变化的特性制成的温度计(2分)。双金属温度计具有使用保养方便,坚固和耐振动等优点(3分)。

70. 答:压力式温度计是基于密闭容器内的感温介质的压力随温度变化而变化的原理来测温的(5分)。

六、综合题

1. 答:将热电阻置于被测物体中,其敏感元件(电阻体)的电阻值将随着物体的温度而变化,每一确定的电阻值对应一确定的温度(5分),这样,我们用电测仪表通过对电阻值的测量,即可达到测量温度的目的。这就是热电阻的测温原理(5分)。

2. 答:动圈式温度仪表的测量机构是磁电式表头(2分)。动圈处于永久磁铁产生的磁场中,测量电路所产生的信号在动圈中产生一个相应电流(2分),该线圈受磁场作用而转动(2分),支承动圈的张丝由于扭动而产生反力矩与动圈的转动力矩相平衡(2分),此时动圈的转角与输入的毫伏信号一一对应,指针即在刻度尺上指示出相应的温度(2分)。

3. 答:XW系列自动平衡记录仪采用电压补偿法测量直流电动势(2分)。当由感温元件产生的直流电势加入测量桥路时,它和测量桥路两端的输出电压相比较,比较后的差值电压(即不平衡电压)(2分),经放大器放大后,驱动可逆电机转动(2分),可逆电机带动指示机构指示温度,同时改变测量桥路的滑线电阻值(2分),直至测量桥路输出的电压与被测直流电势两者平衡为止(2分)。此时不平衡电压为零,放大器无输出,可逆电机停转,指针指示出相应的温度(2分)。

4. 答:玻璃液体温度计是利用其感温泡内的测温物质(如水银)的热胀冷缩特性来测温的(3分)。温度计的示值是测温物质的体积变化与玻璃体积变化的差值(3分)。此体积在毛细管内形成液柱,其升降反映出温度的变化,将此液柱的长度按温标分度,就可以指示出温度值。(4分)。

5. 答:设定点误差$=(16.357+16.377)/2-16.397$

$$=-0.03(\text{mV})$$

评分标准:结果正确给10分。

6. 答:热电偶是一端结合一起的一对不同材料的导线,并利用了热电效应原理形成的温度测量元件(5分)。

热电偶结合在一起的一端称为测量端,另一端称为参考端,如果两端温度不同,在回路中就会有热电势产生,我们通过测量热电势就可达到测量温度的目的(5分)。

7. 答:优点主要有以下几点:

(1)测温准确度高,由于热电偶与被测对象直接接触,能获得较高的准确度(2分)。

(2)结构简单,维修方便(2分)。

(3)动态响应快,可将热电偶测量端做成很小的接点,因而热容量小,动态响应速度快(2分)。

(4)测温范围广(2分)。

(5)信号可远传,便于集中监测和自动控制(2分)。

8. 答:常用的修正方法有以下几种:

(1)冰点器法,即用冰点器将热电偶参考端的温度保持在 0 ℃(3分)。

(2)计算法,测出热电偶参考端的温度,然后用公式计算出热电偶的测量端温度(3分)。

(3)调零法。在热电偶参考端温度恒定条件下,调节与热电偶配套使用的二次仪表示值至参考端温度(2分)。

(4)补偿器法。补偿器是一个电压发生器,它输出的电压刚好抵消热电偶参考端温度变化而产生的热电势的值(2分)。

9. 答:修正值＝50.1＋(－0.1)－50.6＝－0.6 ℃

评分标准:结果正确给 10 分。

10. 答:修正值＝100.2＋0.2－100.8＝－0.4 (℃)

评分标准:结果正确给 10 分。

11. 答:动作误差＝100.8－100＝0.8 ℃

评分标准:结果正确给 10 分。

12. 答:安装使用热是偶应注意下列事项:

(1)应根据测量温度的高低和环境介质,选择热电偶的类型(2分)。

(2)为防止电磁场对热电偶的干扰,热电偶及其补偿导线应避开强电场、强磁场,如交流电动机(2分)。

(3)热电偶应有足够的插入深度(2分)。

(4)热是偶参考端温度不应过高,一般不超过 70 ℃(2分)

(5)为防止电炉高温漏电,热电偶保护管与炉壁之间应互相绝缘(2分)。

13. 答:我国生产的 DDZ-Ⅱ型仪表共划分为以下八个单元:

(1)变送单元,用来测量压力、温度、流量等参数(2分)。

(2)显示单元,对各种被测参数进行指示、记录、报警(2分)。

(3)调节单元,根据被调节参数的测量值与给定值的偏差实现比例、比例积分微分等调节规律(1分)。

(4)计算单元,对其他单元输出信号进行各种运算,以构成复杂的调节系统(1分)。

(5)给定单元,它提供调节单元所需要的定值信号(1分)。

(6)转换单元,它提供标准电信号之间的转换(1分)。

(7)执行单元,操作阀门或闸板,以达到调节目的(1分)。

(8)辅助单元,配合其他单元完成信号切换,遥控等辅助作用(1分)。

14. 答:(1)在现场可按"从外到内"、"分部检查"的原则来查找故障(2分)。

(2)区分故障在仪表内部还是在仪表内部。把仪表输入端"＋"、"－"短接,配热电偶的温度仪表,指针应指向室温,这说明仪表基本正常故障在仪表外部(2分)。

(3)区分故障在放大器前还是放大器之后。利用万用表的电阻"×10"档,在放大器输入端加入直流电压,仪表指针迅速移动,对调表笔,指针反向移动。这说明放大器,可逆电机基本正常,故障在放大器之前(3分)。

(4)区分故障在可逆电机还是在放大器,取下仪表放大器,换上好的放大器,如果仪表正常,说明故障在放大器,如果仪表仍不正常,说明故障在可逆电机。也可以用在可逆电机控制绕组加 6.3 V 交流电压的方法判断其好坏(3分)。

15. 答:炉温测量的附加误差主要有以下几方面:

(1)仪表的基本误差(2分)。

(2)环境条件引入的误差。仪表周围在强电磁场,会产生干扰(2分)。

(3)安装不当引入的误差,热电偶安装位置不当或插入深度不够等都会引入误差(2分)。

(4)绝缘强度变坏而引入误差(2分)。

(5)感温元件的热惰性引入的误差(2分)。

16. 答:(1)经计量检定合格(4分)。

(2)具有正常工作所需要的环境条件(2分)。

(3)具有称职的保存、维护、使用人员(2分)。

(4)具有完善的管理制度(2分)。

17. 答:(1)正确使用计量基准或计量标准并负责维护、保养,使其保持良好的技术状况(4分)。

(2)执行计量技术法规,进行计量检定工作(2分)。

(3)保证计量检定的原始数据和有关技术资料的完整(2分)。

(4)承办政府计量部门委托的有关任务(2分)。

18. 答:铠装热电偶与普通热电偶相比有如下特点:

(1)热惯性小,响应速度快(2分)。

(2)体积小、热容量小(2分)。

(3)可挠性好,适于安装在结构复杂的装置上(2分)。

(4)机械性能好,强度高,耐震,耐冲击(2分)。

(5)使用寿命长(2分)。

19. 答:目前热处理行业中采用的控温方式有:

(1)位式控温。这种方式只有通断两种工作状态。具有结构简单、使用方便的优点(3分)。

(2)连续 PID 控温。这种控温方式具有控温精度高,结构复杂等特点(4分)。

(3)断续 PID 控温,这种控温方式具有控温精度高,结构简单(3分)。

20. 答:两者有以下区别:

(1)自动平衡记录仪的输入信号是热电势的变化值,而电子平衡电桥的输入信号是热电阻的变化值(3分)。

(2)自动平衡记录仪的测量桥路是不平衡电桥;而电子平衡电桥的测量桥路是平衡电桥(4分)。

(3)自动平衡记录仪的测量桥路在不平衡状态下输出信号,反映出不平衡电压的大小;而电子平衡电桥的测量桥路在平衡状态下输出信号,反映出平衡电阻的大小(3分)。

21. 答:应注意以下事项:

(1)仪表周围不应有足以影响其工作的强电磁场(2分)。仪表环境温度尽可能在 0~50 ℃范围内(2分)。

(2)热电偶、补偿导线、仪表的分度号应一致(2分)。

(3)不能将电源线、控制线、信号线绞合在一起布线,或近距离平行布线(2分)。

(4)仪表外部边线部电阻不应超过 1 000 Ω(2分)。

22. 答:(1)可控硅是一种大功率半导体元件,它实现了弱电控制强电的功能,它有三个电极,即阳极、阴极和控制极(5分)。

(2)在炉温控制中,可控硅作为执行机构,它实现了炉温的连续控制和无触点控制(5分)。

23. 答:(1)压力式温度计是一种气体膨胀式温度计,它是利用密闭容积内工作介质的压力随温度变化的性质来测量温度的一种机械式测温仪表(2分)。

(2)压力式温度计主要由感温包、毛细管、盘簧管组成(4分)。

(3)测温时,温包插入被测介质中,它感受温度后,将温度变化变成工作介质的压力变化,经毛细管传给盘簧管,盘簧管形变,同时指示温度(4分)。

24. 答:(1)均质导体定律。由一种均质导体组成的闭合回路;不论导体的截面和各处温度分布如何,都不能产生热电势(4分)。

(2)中间导体定律。由不同材料组成的热电偶回路中,各种材料的接触点的温度都相同时,则回路中热电热的总和等于零(4分)。

(3)中间温度定律。在热电偶回路中,接点温度为 t_1、t_3 的热电偶,它的热电势等于接点温度分别是 t_1、t_2 和 t_2、t_3 两支同性质热电偶的热电势的代数和(2分)。

25. 答:产生横向干扰的主要原因是仪表周围有交流强磁场,如交流电动机(4分)。

排除的措施有如下几各:

(1)热电偶的连接导线加屏蔽(2分)。

(2)在仪表输入端加滤波电容(2分)。

(3)仪表及连线远离强磁场(2分)。

26. 答:被检 N 型热电偶误差:

$=36.274+(9.581-9.558)\times0.039/0.012-36.256$

$=0.093(\text{mV})$

评分标准:结果正确给 10 分。

27. 答:(1)仪表 400 ℃时上行程的指示基本误差:$16.395-16.261=0.134(\text{mV})$

(2)400 ℃时的回程误差:$16.261-16.221=0.040(\text{mV})$

(3)400 ℃时切换中值:$(16.273+16.243)/2=16.258(\text{mV})$

设定点偏差 $\Delta=16.258-(16.261+16.221)/2=0.017(\text{mV})$

评分标准:(1)结果正确给 3 分;(2)结果正确给 3 分;(3)结果正确给 4 分。

28. 答:(1)仪表指示基本误差:$16.397-16.459=-0.062(\text{mV})$

(2)仪表指示回程误差:$0.081(\text{mV})$

(3)仪表指示设定点误差:$(16.376+16.397)/2-16.397=0.015(\text{mV})$

评分标准:(1)结果正确给 3 分;(2)结果正确给 3 分;(3)结果正确给 4 分。

29. 答:(1)仪表基本误差:$149.3-150-0.1=-0.8$(℃)

(2)设定点偏差:$\Delta=(149.6+149.8)/2-150=-0.3$(℃)

(3)切换差:$149.8-149.6=0:2$(℃)。

评分标准:(1)结果正确给 3 分;(2)结果正确给 3 分;(3)结果正确给 4 分。

30. 答:(1)基本误差最大值为:$60.6-(59.8+0.1)=0.7$(℃)

(2)回程误差为:$0.7-[60.3-(59.8+0.1)]=0.3$(℃)

(3)接点动作误差为:$60-59.6=0.4$(℃)

评分标准:(1)结果正确给 3 分;(2)结果正确给 3 分;(3)结果正确给 4 分。

31. 答:传递的过程如下:

(1)国家基准铂电阻传递给工作基准铂电阻温度计,再传递给一等标准铂电阻温度计、二等标准铂电阻温度计,最后传递到工业热电阻和温度仪表(3 分)。

(2)一等标准铂电阻温度计传递给一等标准水银温度计,再传递给二等标准水银温度计,最后传递到工作用温度计(3 分)。

(3)一等标准铂电阻温度计传递给标准铂铑$_{10}$—铂热电偶组,再传递给一等标准铂铑$_{10}$—铂热电偶、二等标准铂铑$_{10}$—铂热电偶,最后传递到各种工作用热电偶(4 分)。

32. 答:应注意以下几点:

(1)被测量的温度值不允许超过温度计的上限值(2 分)。

(2)轻拿轻放(2 分)。

(3)温度应有足够的插入深度。全浸温度计应尽量将液柱浸入被测介质,局浸温度计也要按规定深度浸入(2 分)。

(4)温度计插入被测介质后,要稳定一段时间后才能读数(2 分)。

(5)读数时视线应与标尺垂直,对水银温度计,要按凸面的最高点读数;对有机液体温度计,要按凹面的最低点读数(2 分)。

33. 答:数字表有如下特点:

(1)测量准确度高(1 分)。

(2)稳定性好、寿命长(1 分)。

(3)分辨力高(1 分)。

(4)输入阻抗高。其准确度受外电路影响小(1 分)。

(5)耐震动(2 分)。

(6)仪表可采用模块化。维修方便,配接灵活(2 分)。

(7)输出多,功能强。它可以输出多种标准信号(2 分)。

34. 答:(1)用热电偶测量温度时,要求热电偶的自由端温度必须保持恒定,否则将影响测量结果的准确度(2 分)。

(2)在现场使用中,热电偶自由端温度无法稳定。因此,必须把热电偶的自由端远离热源,使其处于温度较为稳定的场所(2 分)。

(3)因补偿导线与热电偶有相同的热电特性,可以起到延长热电偶自由端的作用(2 分)。

(4)热电偶连接补偿导线,使热电偶的自由端远离热源,处于温度较为稳定的场所,保证了测量的准确度(4 分)。

35. 答:(1)各种补偿导线只能与相应型号的热电偶配用(2 分)。

(2)补偿导线有正、负极之分,不可接错(2分)。

(3)热电偶和补偿导线连接点的温度不得超过规定的使用温度(2分)。

(4)补偿导线与热电偶连接处的两个接点温度要相同(2分)。

(5)根据需要选用防水、防腐、防火的补偿导线(2分)。

热工计量工(初级工)技能操作考核框架

一、框架说明

1. 依据《国家职业标准》[注],以及中国北车确定的"岗位个性服从于职业共性"的原则,提出热工计量工(初级工)技能操作考核框架(以下简称:技能考核框架)。

2. 本职业等级技能操作考核评分采用百分制。即:满分为 100 分,60 分为及格,低于 60 分为不及格。

3. 实施"技能考核框架"时,考核制件(活动)命题可以选用本企业的加工件(活动项目),也可以结合实际另外组织命题。

4. 实施"技能考核框架"时,考核的时间和场地条件等应依据《国家职业标准》,并结合企业实际确定。

5. 实施"技能考核框架"时,其"职业功能"的分类按以下要求确定:

(1)"仪表误差检定"属于本职业等级技能操作的核心职业活动,其"项目代码"为"E"。

(2)"仪表检定准备"、"仪表维修"属于本职业等级技能操作的辅助性活动,其"项目代码"分别为"D"和"F"。

6. 实施"技能考核框架"时,其"鉴定项目"和"选考数量"按以下要求确定:

(1)按照《国家职业标准》有关技能操作鉴定比重的要求,本职业等级技能操作考核制件的"鉴定项目"应按"D"+"E"+"F"组合,其考核配分比例相应为:"D"占 10 分,"E"占 80 分,"F"占 10 分。

(2)依据本职业等级《国家职业标准》的要求,技能考核时,"E"类坚定项目中一般只考核一种温度仪表的检定。

(3)依据中国北车确定的"核心职业活动选取 2/3,并向上取整"的规定,以及上述"第 6 条(2)"要求,在"E"类坚定项目——"仪表误差检定"的全部 3 项中,选取 1 项。

(4)依据中国北车确定的"其余'鉴定项目'的数量可以任选"的规定,"D"和"F"类鉴定项目——"仪表检定准备"、"仪表维修"中,至少分别选取 1 项。

(5)依据中国北车确定的"确定'选考数量'时,所涉及'鉴定要素'的数量占比,应不低于对应'鉴定项目'范围内'鉴定要素'总数的 60%,并向上取整"的规定,考核制件(活动)的鉴定要素"选考数量"应按以下要求确定:

①在"D"类"鉴定项目"中,在已选定的 1 个鉴定项目中,至少选取已选鉴定项目所对应的全部鉴定要素的 60%项,并向上保留整数。

②在"E"类"鉴定项目"中,在已选定的 1 个鉴定项目所包含的全部鉴定要素中,至少选取总数的 60%项,并向上保留整数。

③在"F"类"鉴定项目"中,在已选定的 1 个鉴定项目中,至少选取已选鉴定项目所对应的全部鉴定要素的 60%项,并向上保留整数。

举例分析：

按照上述"第 6 条"要求,若命题时按最少数量选取,即:在"D"类鉴定项目中的选取"仪表检定准备"1 项,在"E"类鉴定项目中选取了"二次仪表误差检定"1 项,在"F"类鉴定项目中选取了"仪表维修"1 项,则:

此考核制件所涉及的"鉴定项目"总数为 3 项,具体包括:"仪表检定准备"、"二次仪表误差检定"、"仪表维修"。

此考核制件所涉及的鉴定要素"选考数量"相应为 16 项,具体包括:"仪表检定准备"鉴定项目包含的全部 7 个鉴定要素中的 5 项。"二次仪表误差的检定"鉴定项目包括的全部 13 个鉴定要素中的 8 项。"仪表维修"鉴定项目包含的全部 4 个鉴定要素中的 3 项。

7. 本职业等级技能操作需要两人及以上共同作业的,可由鉴定组织机构根据"必要、辅助"的原则,结合实际情况确定协助人员的数量。在整个操作过程中,协助人员只能起必要、简单的辅助作用。否则,每违反一次,至少扣减应考者的技能考核总成绩 10 分,直至取消其考试资格。

8. 实施"技能考核框架"时,应同时对应考者在质量、安全、工艺纪律、文明生产等方面行为进行考核。对于在技能操作考核过程中出现的违章作业现象,每违反一项(次)至少扣减技能考核总成绩 10 分,直至取消其考试资格。

注:按照中国北车规定,各《职业技能操作考核框架》的编制依据现行的《国家职业标准》或现行的《行业职业标准》或现行的《中国北车职业标准》的顺序执行。

二、热工计量工(初级工)技能操作鉴定要素细目表

职业功能	鉴定项目				鉴定要素		
	项目代码	名称	鉴定比重(%)	选考方式	要素代码	名　　称	重要程度
仪表检定准备	D	仪表检定准备	10	必选	001	准备计量标准	X
					002	准备被检仪表	X
					003	准备导线	Y
					004	准备工具	Y
					005	准备纸笔	Y
					006	准备检定记录	X
					007	查看检定场地温湿度	X
仪表误差检定	E	一次仪表误差检定	80	任选一项	001	数字万用表的使用	X
					002	水槽使用	X
					003	油槽使用	X
					004	仪表外观的检定	X
					005	冰点制作	Y
					006	热电偶的捆绑	X
					007	热电偶的装炉	X
					008	接线	X
					009	示值误差的检定	X
					010	填写检定记录	X

职业功能	鉴定项目				鉴定要素		
	项目代码	名称	鉴定比重(%)	选考方式	要素代码	名　　称	重要程度
仪表误差检定	E	二次仪表误差检定	80	任选一项	001	电位差计的使用	X
					002	电阻箱的使用	X
					003	仪表外观的检定	Y
					004	冰点制作	X
					005	仪表接线	X
					006	基本误差的检定	X
					007	回程误差的检定	X
					008	记录误差的检定	X
					009	设定点误差的检定	X
					010	切换差的检定	X
					011	行程时间的检定	X
					012	绝缘电阻的检定	Y
					013	填写检定记录	X
		温度计误差检定			001	仪表外观的检定	Y
					002	水槽使用	X
					003	油槽使用	X
					004	冰点制作	X
					005	温度计读数	X
					006	示值误差的检定	X
					007	回程误差的检定	X
					008	设定点误差的检定	X
					009	切换差的检定	X
					010	绝缘电阻的检定	Y
					011	填写检定记录	X
仪表维修	F	仪表维修	10	必选	001	热电偶的维修	X
					002	普通万用表的使用	X
					003	电烙铁的使用	Y
					004	验电笔等各种工具的使用	Y

注:重要程度中 X 表示核心要素,Y 表示一般要素,Z 表示辅助要素。下同。

热工计量工(初级工)
技能操作考核样题与分析

职 业 名 称：_____

考 核 等 级：_____

存 档 编 号：_____

考核站名称：_____

鉴定责任人：_____

命题责任人：_____

主管负责人：_____

中国北车股份有限公司劳动工资部制

职业技能鉴定技能操作考核制件图示或内容

被检仪表：工业过程测量记录仪，型号 XWG—101，准确度等级 0.5 级，测量范围 0～1 100 ℃，分度号 K。

检定操作的主要标准仪器：低电势直流电位差计 UJ33a 或同等精度数字表。

检定操作的依据：JJG74—2005 工业过程测量记录仪检定规程。

职业名称	热工计量工
考核等级	初级工
试题名称	工业过程测量记录仪的检定
材质等信息	

职业技能鉴定技能操作考核准备单

职业名称	热工计量工
考核等级	初级工
试题名称	工业过程测量记录仪的检定

一、材料准备

1. 材料规格；
2. 坯件尺寸。

二、设备、工、量、卡具准备清单

序号	名　称	规　格	数量	备　注
1	低电势直流电位差计	UJ33a,0.05 级	一台	或同等精度数字表
2	恒温器	0 ℃	一个	
3	交流稳压电源,	220 V,1 kW,稳定度1%	一台	
4	工业过程测量记录仪	XWG-101	一个	0.5 级
5	秒表		一块	
6	兆欧表	0-500 MΩ	一台	
7	普通万用表	MF-47	一个	或同等精度数字表
8	补偿导线、普通导线		数米	

三、考场准备

1. 相应的公用设备、设备与器具的润滑与冷却等；
2. 考场应整洁,环境温度(20±5) ℃,相对湿度 45%～75%；
3. 其他准备。

四、考核内容及要求

1. 考核内容(按考核制件图示及要求制作)

(1)仪表检定准备。

(2)工业过程测量记录仪的检定:仪表的外观检定、冰点制作、仪表连线及基本误差、记录误差、回程误差、设定点误差、切换差、行程时间、绝缘电阻的检定、填写检定记录。

(3)仪表维修。记录仪的简单故障维修(例如排除工业过程测量记录仪指示指针不规则晃动的故障)。

2. 考核时限:180 min

3. 考核评分(表)

职业名称	热工计量工		考核等级	初级工	
试题名称	工业过程测量记录仪的检定		考核时限	180 min	
鉴定项目	考核内容	配分	评分标准	扣分说明	得分
仪表检定准备	准备计量标准	5	错误不得分		
	准备被检仪表	2	错误不得分		
	准备导线	1	错误不得分		
	准备工具	1	错误不得分		
	准备纸笔	1	错误不得分		
仪表误差检定	仪表外观的检定	5	错误不得分		
	仪表接线	5	错误不得分		
	基本误差检定的操作	15	错误不得分		
	基本误差检定的计算	10	错误不得分		
	回程误差的检定	5	错误不得分		
	设定点误差检定的操作	15	错误不得分		
	设定点误差检定的计算	10	错误不得分		
	切换差的检定	5	错误不得分		
	行程时间的检定	5	错误不得分		
	填写检定记录	5	错误不得分		
仪表维修	普通万用表使用-电阻挡	2	错误不得分		
	普通万用表使用-电压挡	2	错误不得分		
	普通万用表使用-电流挡	2	错误不得分		
	电烙铁的使用	2	错误不得分		
	验电笔的使用	2	错误不得分		
质量、安全、工艺纪律、文明生产等综合考核项目	考核时限	不限	超时停止操作		
	工艺纪律	不限	依据企业有关工艺纪律管理规定执行,每违反一次扣10分		
	劳动保护	不限	依据企业有关劳动保护管理规定执行,每违反一次扣10分		
	文明生产	不限	依据企业有关文明生产管理规定执行,每违反一次扣10分		
	安全生产	不限	依据企业有关安全生产管理规定执行,每违反一次扣10分,有重大安全事故,取消成绩		

4. 实施该工种技能考核时,应同时对应考者在文明生产、安全操作、遵守检定规程等方面行为进行考核。对于在技能操作考核过程中出现的违章操作现象,每违反一项(次)扣减技能考核总成绩10分,直至取消其考试资格。

职业技能鉴定技能考核制件(内容)分析

职业名称	热工计量工
考核等级	初级工
试题名称	工业过程测量记录仪的检定
职业标准依据	中国北车职业标准

试题中鉴定项目及鉴定要素的分析与确定

分析事项 / 鉴定项目分类	基本技能"D"	专业技能"E"	相关技能"F"	合计	数量与占比说明
鉴定项目总数	1	1	1	3	核心职业活动鉴定项目选取占比大于2/3
选取的鉴定项目数量	1	1	1	3	
选取的鉴定项目数量占比(%)	100	100	100	100	
对应选取鉴定项目所包含的鉴定要素总数	7	13	4	24	鉴定要素数量选取占比大于60%
选取的鉴定要素数量	5	8	3	16	
选取的鉴定要素数量占比(%)	71	62	75	67	

所选取鉴定项目及相应鉴定要素分解与说明

鉴定项目类别	鉴定项目名称	国家职业标准规定比重(%)	《框架》中鉴定要素名称	本命题中具体鉴定要素分解	配分	评分标准	考核难点说明
"D"	仪表检定准备	10	准备计量标准	准备计量标准	5	正确5分	
			准备被检仪表	准备被检仪表	2	正确2分	
			准备导线	准备导线	1	正确1分	
			准备工具	准备工具	1	正确1分	
			准备纸笔	准备纸笔	1	正确1分	
"E"	二次仪表误差检定	80	仪表外观的检定	仪表外观的检定	5	正确5分	
			仪表接线	仪表接线	5	正确5分	
			基本误差的检定	操作	15	正确15分	难点
				计算	10	正确10分	
			回程误差的检定	回程误差的检定	5	正确5分	
			设定点误差的检定	操作	15	正确15分	难点
				计算	10	正确10分	
			切换差的检定	切换差的检定	5	正确5分	
			行程时间的检定	行程时间的检定	5	正确5分	
			填写检定记录	填写检定记录	5	正确5分	
"F"	仪表维修	10	普通万用表的使用	电阻挡	2	正确2分	
				电压挡	2	正确2分	
				电流挡	2	正确2分	
			电烙铁的使用	电烙铁的使用	2	正确2分	
			验电笔的使用	验电笔的使用	2	正确2分	

续上表

鉴定项目类别	鉴定项目名称	国家职业标准规定比重(%)	《框架》中鉴定要素名称	本命题中具体鉴定要素分解	配分	评分标准	考核难点说明
质量、安全、工艺纪律、文明生产等综合考核项目				考核时限	不限	超时停止考核	
				工艺纪律	不限	依据企业有关工艺纪律管理规定执行,每违反一次扣10分	
				劳动保护	不限	依据企业有关劳动保护管理规定执行,每违反一次扣10分	
				文明生产	不限	依据企业有关文明生产管理规定执行,每违反一次扣10分	
				安全生产	不限	依据企业有关安全生产管理规定执行,每违反一次扣10分,有重大安全事故,取消成绩	

热工计量工(中级工)技能操作考核框架

一、框架说明

1. 依据《国家职业标准》[注]，以及中国北车确定的"岗位个性服从于职业共性"的原则，提出热工计量工(中级工)技能操作考核框架(以下简称:技能考核框架)。

2. 本职业等级技能操作考核评分采用百分制。即:满分为 100 分，60 分为及格，低于 60 分为不及格。

3. 实施"技能考核框架"时，考核制件(活动)命题可以选用本企业的加工件(活动项目)，也可以结合实际另外组织命题。

4. 实施"技能考核框架"时，考核的时间和场地条件等应依据《国家职业标准》，并结合企业实际确定。

5. 实施"技能考核框架"时，其"职业功能"的分类按以下要求确定:

(1)"仪表误差检定"属于本职业等级技能操作的核心职业活动，其"项目代码"为"E"。

(2)"仪表检定准备"、"仪表维修"属于本职业等级技能操作的辅助性活动，其"项目代码"分别为"D"和"F"。

6. 实施"技能考核框架"时，其"鉴定项目"和"选考数量"按以下要求确定:

(1)按照《国家职业标准》有关技能操作鉴定比重的要求，本职业等级技能操作考核制件的"鉴定项目"应按"D"+"E"+"F"组合，其考核配分比例相应为:"D"占 10 分，"E"占 70 分，"F"占 20 分。

(2)依据本职业等级《国家职业标准》的要求，技能考核时，"E"类坚定项目中一般只考核一种温度仪表的检定。

(3)依据中国北车确定的"核心职业活动选取 2/3，并向上取整"的规定，以及上述"第 6 条(2)"要求，在"E"类鉴定项目——"仪表误差检定"的全部 3 项中，至少选取 1 项。

(4)依据中国北车确定的"其余'鉴定项目'的数量可以任选"的规定，"D"和"F"类鉴定项目——"仪表检定准备"、"仪表维修"中，至少分别选取 1 项。

(5)依据中国北车确定的"确定'选考数量'时，所涉及'鉴定要素'的数量占比，应不低于对应'鉴定项目'范围内'鉴定要素'总数的 60%，并向上取整"的规定，考核制件的鉴定要素"选考数量"应按以下要求确定:

①在"D"类"鉴定项目"中，在已选定的 1 个鉴定项目中，至少选取已选鉴定项目所对应的全部鉴定要素的 60% 项，并向上保留整数。

②在"E"类"鉴定项目"中，在已选定的 1 个鉴定项目所包含的全部鉴定要素中，至少选取总数的 60% 项，并向上保留整数。

③在"F"类"鉴定项目"中，在已选定的 1 个鉴定项目中，至少选取已选鉴定项目所对应的全部鉴定要素的 60% 项，并向上保留整数。

举例分析:

按照上述"第 6 条"要求,若命题时按最少数量选取,即:在"D"类鉴定项目中的选取"仪表检定准备"1 项,在"E"类鉴定项目中选取了"一次仪表误差检定"1 项,在"F"类鉴定项目中分别选取了"仪表维修"1 项,则:

此考核制件所涉及的"鉴定项目"总数为 3 项,具体包括:"仪表检定准备"、"一次仪表误差检定"、"仪表维修";

此考核制件所涉及的鉴定要素"选考数量"相应为 14 项,具体包括:"仪表检定准备"鉴定项目包含的全部 7 个鉴定要素中的 5 项。"一次仪表误差的检定"鉴定项目包括的全部 10 个鉴定要素中的 6 项。"仪表维修"鉴定项目包含的全部 5 个鉴定要素中的 3 项。

7. 本职业等级技能操作需要两人及以上共同作业的,可由鉴定组织机构根据"必要、辅助"的原则,结合实际情况确定协助人员的数量。在整个操作过程中,协助人员只能起必要、简单的辅助作用。否则,每违反一次,至少扣减应考者的技能考核总成绩 10 分,直至取消其考试资格。

8. 实施"技能考核框架"时,应同时对应考者在质量、安全、工艺纪律、文明生产等方面行为进行考核。对于在技能操作考核过程中出现的违章作业现象,每违反一项(次)至少扣减技能考核总成绩 10 分,直至取消其考试资格。

注:按照中国北车规定,各《职业技能操作考核框架》的编制依据现行的《国家职业标准》或现行的《行业职业标准》或现行的《中国北车职业标准》的顺序执行。

二、热工计量工(中级工)技能操作鉴定要素细目表

职业功能	鉴定项目				鉴定要素		
	项目代码	名称	鉴定比重(%)	选考方式	要素代码	名称	重要程度
仪表检定准备	D	仪表检定准备	10	必选	001	准备计量标准	X
					002	准备被检仪表	X
					003	准备导线	Y
					004	准备工具	Y
					005	准备纸笔	Y
					006	准备检定记录	X
					007	查看检定场地温湿度	X
仪表误差检定	E	一次仪表误差检定	70	任选一项	001	数字万用表的使用	X
					002	水槽使用	X
					003	油槽使用	X
					004	仪表外观的检定	X
					005	冰点制作	Y
					006	热电偶的捆绑	X
					007	热电偶的装炉	X
					008	接线	X
					009	示值误差的检定	X
					010	填写检定记录	X

续上表

职业功能	鉴定项目				鉴定要素		
	项目代码	名称	鉴定比重（%）	选考方式	要素代码	名称	重要程度
仪表误差检定	E	二次仪表误差检定		任选一项	001	电位差计的使用	X
					002	电阻箱的使用	X
					003	仪表外观的检定	Y
					004	冰点制作	X
					005	仪表接线	X
					006	基本误差的检定	X
					007	回程误差的检定	X
					008	记录误差的检定	X
					009	设定点误差的检定	X
					010	切换差的检定	X
					011	行程时间的检定	X
					012	绝缘电阻的检定	Y
					013	填写检定记录	X
		温度计误差检定			001	仪表外观的检定	Y
					002	水槽使用	X
					003	油槽使用	X
					004	冰点制作	X
					005	温度计读数	X
					006	示值误差的检定	X
					007	回程误差的检定	X
					008	设定点误差的检定	X
					009	切换差的检定	X
					010	绝缘电阻的检定	Y
					011	填写检定记录	X
仪表维修	F	仪表维修	20	必选	001	热电偶的维修	X
					002	普通万用表的使用	X
					003	电烙铁的使用	Y
					004	验电笔等各种工具的使用	Y
					005	工业过程测量记录仪的简单故障维修	Y

热工计量工(中级工)
技能操作考核样题与分析

职 业 名 称：＿＿＿＿＿＿＿＿＿＿

考 核 等 级：＿＿＿＿＿＿＿＿＿＿

存 档 编 号：＿＿＿＿＿＿＿＿＿＿

考核站名称：＿＿＿＿＿＿＿＿＿＿

鉴定责任人：＿＿＿＿＿＿＿＿＿＿

命题责任人：＿＿＿＿＿＿＿＿＿＿

主管负责人：＿＿＿＿＿＿＿＿＿＿

中国北车股份有限公司劳动工资部制

职业技能鉴定技能操作考核制件图示或内容

被检仪表:数字温度指示调节仪的检定,型号 SWT-21,准确度等级 0.5 级,测量范围:0~1 100 ℃,分度号 K。

检定操作的主要标准仪器:低电势直流电位差计 UJ33a 或同等精度数字表。

检定操作的依据:JJG617—1996 数字温度指示调节仪检定规程。

职业名称	热工计量工
考核等级	中级工
试题名称	数字温度指示调节仪的检定
材质等信息	

职业技能鉴定技能操作考核准备单

职业名称	热工计量工
考核等级	中级工
试题名称	数字温度指示调节仪的检定

一、材料准备

1. 材料规格；
2. 坯件尺寸。

二、设备、工、量、卡具准备清单

序号	名称	规格	数量	备注
1	低电势直流电位差计	UJ33a,0.05 级	一台	或同等精度数字表
2	电阻箱	ZX25a,0.02 级	一台	
3	恒温器	0 ℃	一个	
4	交流稳压电源	220 V,1 kW,稳定度 1%	一台	
5	数字温度指示调节仪	SWT-21	一块	0.5 级
6	兆欧表	0-500 MΩ	一台	
7	工业过程测量记录仪	XWG-101	一个	0.5 级
8	普通万用表		一个	或同等精度数字表
9	补偿导线、普通导线		数米	

三、考场准备

1. 相应的公用设备、设备与器具的润滑与冷却等；
2. 考场应整洁,环境温度(20±5)℃,相对湿度 45%～75%；
3. 其他准备。

四、考核内容及要求

1. 考核内容(按考核制件图示及要求制作)

(1)仪表检定准备。

(2)数字温度指示调节仪的检定:仪表的外观检定、冰点制作、仪表连线及基本误差、稳定度误差、设定点误差、切换差、绝缘电阻的检定、电位差计的使用、电阻箱的使用和填写检定记录。

(3)仪表维修。记录仪的简单故障维修(例如排除工业过程测量记录仪指示指针不规则晃动的故障)。

2. 考核时限:210 min

3. 考核评分（表）

职业名称	热工计量工		考核等级	中级工	
试题名称	数字温度指示调节仪的检定		考核时限	210 min	
鉴定项目	考核内容	配分	评分标准	扣分说明	得分
仪表检定准备	准备计量标准	5	错误不得分		
	准备被检仪表	2	错误不得分		
	准备导线	1	错误不得分		
	准备工具	1	错误不得分		
	准备纸笔	1	错误不得分		
二次仪表误差检定	仪表外观的检定	5	错误不得分		
	基本误差检定的操作	10	错误不得分		
	基本误差检定的计算	10	错误不得分		
	稳定度误差检定的操作	5	错误不得分		
	稳定度误差检定的计算	5	错误不得分		
	电位差计的使用	5	错误不得分		
	设定点误差检定的操作	10	错误不得分		
	设定点误差检定的计算	5	错误不得分		
	切换差的检定	5	错误不得分		
	绝缘电阻的检定	5	错误不得分		
	填写检定记录	5	错误不得分		
仪表维修	普通万用表的使用-电阻挡	1	错误不得分		
	普通万用表的使用-电压挡	1	错误不得分		
	普通万用表的使用-电流挡	1	错误不得分		
	电烙铁的使用	2	错误不得分		
	工业过程测量记录仪的简单故障维修	15	视其情况扣分		
质量、安全、工艺纪律、文明生产等综合考核项目	考核时限	不限	超时停止操作		
	工艺纪律	不限	依据企业有关工艺纪律管理规定执行，每违反一次扣10分		
	劳动保护	不限	依据企业有关劳动保护管理规定执行，每违反一次扣10分		
	文明生产	不限	依据企业有关文明生产管理规定执行，每违反一次扣10分		
	安全生产	不限	依据企业有关安全生产管理规定执行，每违反一次扣10分，有重大安全事故，取消成绩		

4. 实施该工种技能考核时，应同时对应考者在文明生产、安全操作、遵守检定规程等方面行为进行考核。对于在技能操作考核过程中出现的违章操作现象，每违反一项（次）扣减技能考核总成绩10分，直至取消其考试资格。

职业技能鉴定技能考核制件(内容)分析

职业名称	热工计量工
考核等级	中级工
试题名称	数字温度指示调节仪的检定
职业标准依据	中国北车职业标准

试题中鉴定项目及鉴定要素的分析与确定

分析事项 \ 鉴定项目分类	基本技能"D"	专业技能"E"	相关技能"F"	合计	数量与占比说明
鉴定项目总数	1	1	1	3	核心职业活动鉴定项目选取占比大于 2/3
选取的鉴定项目数量	1	1	1	3	
选取的鉴定项目数量占比(%)	100	100	100	100	
对应选取鉴定项目所包含的鉴定要素总数	7	13	5	25	鉴定要素数量选取占比大于60%
选取的鉴定要素数量	5	8	3	16	
选取的鉴定要素数量占比(%)	71	62	60	64	

所选取鉴定项目及相应鉴定要素分解与说明

鉴定项目类别	鉴定项目名称	国家职业标准规定比重(%)	《框架》中鉴定要素名称	本命题中具体鉴定要素分解	配分	评分标准	考核难点说明
"D"	仪表检定准备	10	准备计量标准	准备计量标准	5	正确5分	
			准备被检仪表	准备被检仪表	2	正确2分	
			准备导线	准备导线	1	正确1分	
			准备工具	准备工具	1	正确1分	
			准备纸笔	准备纸笔	1	正确1分	
"E"	二次仪表误差检定	70	仪表外观的检定	仪表外观的检定	5	正确5分	
			基本误差的检定	操作	10	正确10分	难点
				计算	10	正确10分	
			稳定度误差的检定	操作	5	正确5分	
				计算	5	正确5分	
			电位差计的使用	电位差计的使用	5	正确5分	
			设定点误差的检定	操作	10	正确10分	难点
				计算	5	正确5分	
			切换差的检定	切换差的检定	5	正确5分	
			绝缘电阻的检定	绝缘电阻的检定	5	正确5分	
			填写检定记录	填写检定记录	5	正确5分	
"F"	仪表维修	20	普通万用表的使用	电阻挡	1	正确1分	
				电压挡	1	正确1分	
				电流挡	1	正确1分	
			电烙铁的使用	电烙铁的使用	2	正确2分	
			工业过程测量记录仪的简单故障维修	故障维修	15	排除故障15分	难点

鉴定项目类别	鉴定项目名称	国家职业标准规定比重（%）	《框架》中鉴定要素名称	本命题中具体鉴定要素分解	配分	评分标准	考核难点说明
	质量、安全、工艺纪律、文明生产等综合考核项目			考核时限	不限	超时停止考核	
				工艺纪律	不限	依据企业有关工艺纪律管理规定执行，每违反一次扣 10 分	
				劳动保护	不限	依据企业有关劳动保护管理规定执行，每违反一次扣 10 分	
				文明生产	不限	依据企业有关文明生产管理规定执行，每违反一次扣 10 分	
				安全生产	不限	依据企业有关安全生产管理规定执行，每违反一次扣 10 分，有重大安全事故，取消成绩	

热工计量工(高级工)技能操作考核框架

一、框架说明

1. 依据《国家职业标准》^注，以及中国北车确定的"岗位个性服从于职业共性"的原则，提出热工计量工(高级工)技能操作考核框架(以下简称:技能考核框架)。

2. 本职业等级技能操作考核评分采用百分制。即:满分为 100 分,60 分为及格,低于 60 分为不及格。

3. 实施"技能考核框架"时,考核制件(活动)命题可以选用本企业的加工件(活动项目),也可以结合实际另外组织命题。

4. 实施"技能考核框架"时,考核的时间和场地条件等应依据《国家职业标准》,并结合企业实际确定。

5. 实施"技能考核框架"时,其"职业功能"的分类按以下要求确定:

(1)"仪表误差检定"属于本职业等级技能操作的核心职业活动,其"项目代码"为"E"。

(2)"仪表检定准备"、"仪表维修"属于本职业等级技能操作的辅助性活动,其"项目代码"分别为"D"和"F"。

6. 实施"技能考核框架"时,其"鉴定项目"和"选考数量"按以下要求确定:

(1)按照《国家职业标准》有关技能操作鉴定比重的要求,本职业等级技能操作考核制件的"鉴定项目"应按"D"+"E"+"F"组合,其考核配分比例相应为:"D"占 10 分,"E"占 60 分,"F"占 30 分。

(2)依据本职业等级《国家职业标准》的要求,技能考核时,"E"类坚定项目中一般只考核一种温度仪表的检定。

(3)依据中国北车确定的"核心职业活动选取 2/3,并向上取整"的规定,以及上述"第 6 条(2)"要求,在"E"类鉴定项目——"仪表误差检定"的全部 3 项中,至少选取 1 项。

(4)依据中国北车确定的"其余'鉴定项目'的数量可以任选"的规定,"D"和"F"类鉴定项目——"仪表检定准备"、"仪表维修"中,至少分别选取 1 项。

(5)依据中国北车确定的"确定'选考数量'时,所涉及'鉴定要素'的数量占比,应不低于对应'鉴定项目'范围内'鉴定要素'总数的 60%,并向上取整"的规定,考核制件的鉴定要素"选考数量"应按以下要求确定:

①在"D"类"鉴定项目"中,在已选定的 1 个鉴定项目中,至少选取已选鉴定项目所对应的全部鉴定要素的 60%项,并向上保留整数。

②在"E"类"鉴定项目"中,在已选定的 1 个鉴定项目所包含的全部鉴定要素中,至少选取总数的 60%项,并向上保留整数。

③在"F"类"鉴定项目"中,在已选定的 1 个鉴定项目中,至少选取已选鉴定项目所对应的全部鉴定要素的 60%项,并向上保留整数。

举例分析：

按照上述"第 6 条"要求，若命题时按最少数量选取，即：在"D"类鉴定项目中选取"仪表检定准备"1 项，在"E"类鉴定项目中选取了"一次仪表误差检定"1 项，在"F"类鉴定项目中分别选取了"仪表维修"1 项，则：

此考核制件所涉及的"鉴定项目"总数为 3 项，具体包括："仪表检定准备"、"一次仪表误差检定"、"仪表维修"；

此考核制件所涉及的鉴定要素"选考数量"相应为 14 项，具体包括："仪表检定准备"鉴定项目包含的全部 7 个鉴定要素中的 5 项。"一次仪表误差的检定"鉴定项目包括的全部 10 个鉴定要素中的 6 项。"仪表维修"鉴定项目包含的全部 5 个鉴定要素中的 3 项。

7. 本职业等级技能操作需要两人及以上共同作业的，可由鉴定组织机构根据"必要、辅助"的原则，结合实际情况确定协助人员的数量。在整个操作过程中，协助人员只能起必要、简单的辅助作用。否则，每违反一次，至少扣减应考者的技能考核总成绩 10 分，直至取消其考试资格。

8. 实施"技能考核框架"时，应同时对应考者在质量、安全、工艺纪律、文明生产等方面行为进行考核。对于在技能操作考核过程中出现的违章作业现象，每违反一项(次)至少扣减技能考核总成绩 10 分，直至取消其考试资格。

注：按照中国北车规定，各《职业技能操作考核框架》的编制依据现行的《国家职业标准》或现行的《行业职业标准》或现行的《中国北车职业标准》的顺序执行。

二、热工计量工(高级工)技能操作鉴定要素细目表

职业功能	鉴定项目				鉴定要素		
	项目代码	名　称	鉴定比重（%）	选考方式	要素代码	名　称	重要程度
仪表检定准备	D	仪表检定准备	10	必选	001	准备计量标准	X
					002	准备被检仪表	X
					003	准备导线	Y
					004	准备工具	Y
					005	准备纸笔	Y
					006	准备检定记录	X
					007	查看检定场地温湿度	X
仪表误差检定	E	一次仪表误差检定	60	任选一项	001	数字万用表的使用	X
					002	水槽使用	X
					003	油槽使用	X
					004	仪表外观的检定	X
					005	冰点制作	Y
					006	热电偶的捆绑	X
					007	热电偶的装炉	X
					008	接线	X

职业功能	鉴定项目				鉴定要素		
	项目代码	名　称	鉴定比重（%）	选考方式	要素代码	名　称	重要程度
仪表误差检定	E	一次仪表误差检定		任选一项	009	示值误差的检定	X
					010	填写检定记录	X
		二次仪表误差检定			001	电位差计的使用	X
					002	电阻箱的使用	X
					003	仪表外观的检定	Y
					004	冰点制作	X
					005	仪表接线	X
					006	基本误差的检定	X
					007	回程误差的检定	X
					008	记录误差的检定	X
					009	设定点误差的检定	X
					010	切换差的检定	X
					011	行程时间的检定	X
					012	绝缘电阻的检定	Y
					013	填写检定记录	X
		温度计误差检定			001	仪表外观的检定	Y
					002	水槽使用	X
					003	油槽使用	X
					004	冰点制作	X
					005	温度计读数	X
					006	示值误差的检定	X
					007	回程误差的检定	X
					008	设定点误差的检定	X
					009	切换差的检定	X
					010	绝缘电阻的检定	Y
					011	填写检定记录	X
仪表维修	F	仪表维修	30	必选	001	热电偶的维修	X
					002	普通万用表的使用	X
					003	电烙铁的使用	Y
					004	验电笔等各种工具的使用	Y
					005	工业过程测量记录仪较复杂故障维修	X

热工计量工(高级工)
技能操作考核样题与分析

职 业 名 称：＿＿＿＿＿＿＿＿＿＿＿＿

考 核 等 级：＿＿＿＿＿＿＿＿＿＿＿＿

存 档 编 号：＿＿＿＿＿＿＿＿＿＿＿＿

考 核 站 名 称：＿＿＿＿＿＿＿＿＿＿＿＿

鉴 定 责 任 人：＿＿＿＿＿＿＿＿＿＿＿＿

命 题 责 任 人：＿＿＿＿＿＿＿＿＿＿＿＿

主 管 负 责 人：＿＿＿＿＿＿＿＿＿＿＿＿

中国北车股份有限公司劳动工资部制

职业技能鉴定技能操作考核制件图示或内容

被检修仪表:工业过程测量记录仪,型号 XWG—101,准确度等级 0.5 级,测量范围:0~1 100 ℃,分度号 K。

检定操作的主要标准仪器:低电势直流电位差计 UJ33a 或同等精度数字表。

检定操作的依据:JJG 74—2005 工业过程测量记录仪检定规程。

职业名称	热工计量工
考核等级	高级工
试题名称	工业过程测量记录仪的检定与维修
材质等信息	

职业技能鉴定技能操作考核准备单

职业名称	热工计量工
考核等级	高级工
试题名称	工业过程测量记录仪的检定与维修

一、材料准备

1. 材料规格；
2. 坯件尺寸。

二、设备、工、量、卡具准备清单

序号	名称	规格	数量	备注
1	低电势直流电位差计	UJ33a,0.05 级	一台	或同等精度数字表
2	恒温器	0℃	一个	
3	交流稳压电源，	220 V,1 kW,稳定度 1%	一台	
4	秒表		一块	
5	工业过程测量记录仪	XWG—101	一台	0.5 级
6	兆欧表	0—500 MΩ	一台	
7	普通万用表		一个	或同等精度数字表
8	补偿导线、普通导线		数米	

三、考场准备

1. 相应的公用设备、设备与器具的润滑与冷却等；
2. 考场应整洁，环境温度(20±5)℃，相对湿度 45%～75%；
3. 其他准备。

四、考核内容及要求

1. 考核内容(按考核制件图示及要求制作)
(1)仪表检定准备。
(2)工业过程测量记录仪的检定：仪表的外观检定、冰点制作、仪表连线及基本误差、记录误差、回程误差、设定点误差、切换差、行程时间、绝缘电阻的检定、填写检定记录。
(3)仪表维修：工业过程测量记录仪较复杂故障维修(例如排除工业过程测量记录仪的稳压板故障)。
2. 考核时限：210 min
3. 考核评分(表)

职业名称	热工计量工		考核等级		高级工
试题名称	工业过程测量记录仪的检定与维修		考核时限		210 min
鉴定项目	考核内容	配分	评分标准	扣分说明	得分
仪表检定准备	准备计量标准	5	错误不得分		
	准备被检仪表	2	错误不得分		
	准备导线	1	错误不得分		
	准备工具	1	错误不得分		
	准备纸笔	1	错误不得分		
二次仪表误差检定	仪表外观的检定	5	错误不得分		
	仪表接线	5	错误不得分		
	基本误差检定的操作	10	错误不得分		
	基本误差检定的计算	5	错误不得分		
	回程误差的检定	5	错误不得分		
	设定点误差检定的操作	10	错误不得分		
	设定点误差检定的计算	5	错误不得分		
	切换差的检定	5	错误不得分		
	绝缘电阻的检定	5	错误不得分		
	填写检定记录	5	错误不得分		
仪表维修	普通万用表的使用—电阻挡	1	错误不得分		
	普通万用表的使用—电压挡	1	错误不得分		
	普通万用表的使用—电流挡	1	错误不得分		
	电烙铁的使用	2	错误不得分		
	业过程测量记录仪较复杂故障维修	25	错误视其情况扣分		
质量、安全、工艺纪律、文明生产等综合考核项目	考核时限	不限	超时停止操作		
	工艺纪律	不限	依据企业有关工艺纪律管理规定执行,每违反一次扣10分		
	劳动保护	不限	依据企业有关劳动保护管理规定执行,每违反一次扣10分		
	文明生产	不限	依据企业有关文明生产管理规定执行,每违反一次扣10分		
	安全生产	不限	依据企业有关安全生产管理规定执行,每违反一次扣10分,有重大安全事故,取消成绩		

4. 实施该工种技能考核时,应同时对应考者在文明生产、安全操作、遵守检定规程等方面行为进行考核。对于在技能操作考核过程中出现的违章操作现象,每违反一项(次)扣减技能考核总成绩10分,直至取消其考试资格。

职业技能鉴定技能考核制件(内容)分析

职业名称	热工计量工
考核等级	高级工
试题名称	工业过程测量记录仪的检定与维修
职业标准依据	中国北车职业标准

试题中鉴定项目及鉴定要素的分析与确定

分析事项 ＼ 鉴定项目分类	基本技能"D"	专业技能"E"	相关技能"F"	合计	数量与占比说明
鉴定项目总数	1	1	1	3	核心职业活动鉴定项目选取占比大于 2/3
选取的鉴定项目数量	1	1	1	3	
选取的鉴定项目数量占比(%)	100	100	100	100	
对应选取鉴定项目所包含的鉴定要素总数	7	13	5	25	鉴定要素数量选取占比大于 60%
选取的鉴定要素数量	5	8	3	16	
选取的鉴定要素数量占比(%)	71	61	60	64	

所选取鉴定项目及相应鉴定要素分解与说明

鉴定项目类别	鉴定项目名称	国家职业标准规定比重(%)	《框架》中鉴定要素名称	本命题中具体鉴定要素分解	配分	评分标准	考核难点说明
"D"	仪表检定准备	10	准备计量标准	准备计量标准	5	正确 5 分	
			准备被检仪表	准备被检仪表	2	正确 2 分	
			准备导线	准备导线	1	正确 1 分	
			准备工具	准备工具	1	正确 1 分	
			准备纸笔	准备纸笔	1	正确 1 分	
"E"	二次仪表误差检定	60	仪表外观的检定	仪表外观的检定	5	正确 5 分	
			仪表接线	仪表连线	5	正确 5 分	
			基本误差的检定	操作	10	正确 10 分	难点
				计算	5	正确 5 分	
			回程误差的检定	回程误差的检定	5	正确 5 分	
			设定点误差的检定	操作	10	正确 10 分	难点
				计算	5	正确 5 分	
			切换差的检定	切换差的检定	5	正确 5 分	
			绝缘电阻的检定	绝缘电阻的检定	5	正确 5 分	
			填写检定记录	填写检定记录	5	正确 5 分	
"F"	仪表维修	30	普通万用表的使用	电阻挡	1	正确 1 分	
				电压挡	1	正确 1 分	
				电流挡	1	正确 1 分	
			电烙铁的使用	电烙铁的使用	2	正确 2 分	
			工业过程测量记录仪较复杂故障维修	故障维修	25	排除故障 25 分	难点

续上表

鉴定项目类别	鉴定项目名称	国家职业标准规定比重(%)	《框架》中鉴定要素名称	本命题中具体鉴定要素分解	配分	评分标准	考核难点说明
质量、安全、工艺纪律、文明生产等综合考核项目				考核时限	不限	超时停止考核	
				工艺纪律	不限	依据企业有关工艺纪律管理规定执行,每违反一次扣10分	
				劳动保护	不限	依据企业有关劳动保护管理规定执行,每违反一次扣10分	
				文明生产	不限	依据企业有关文明生产管理规定执行,每违反一次扣10分	
				安全生产	不限	依据企业有关安全生产管理规定执行,每违反一次扣10分,有重大安全事故,取消成绩	

参 考 文 献

[1] 国家职业标准编制技术规程.

[2] 中国北车职业标准.

[3] 李吉林,等. 温度计量.

[4] 刘常满. 温度测量与仪表维修问答.

[5] 各种热工仪表检定规程(例如 JJG-2005 工业过程测量记录仪检定规程).